插图版

洪嘉阳 著

写给女孩的安全保护书

家有女儿，
她的安全
比什么都重要！

中国纺织出版社有限公司

内 容 提 要

安全意识是父母亲送给女孩最好的“礼物”。本书从多个角度向读者讲述了社会环境中女孩可能面临的危险情况，并有针对性地提出了保护技巧。全书囊括情感、校园、社会、网络等多个主题，向读者介绍了相应的自我防护方法。本书可以帮助读者全方位提升自我防护意识，保障自身的安全！家有女儿，她的安全比什么都重要！

图书在版编目（CIP）数据

写给女孩的安全保护书：插图版 / 洪嘉阳著．--北京：中国纺织出版社有限公司，2023.8

ISBN 978-7-5229-0232-6

Ⅰ.①写… Ⅱ.①洪… Ⅲ.①女性－安全教育－青少年读物 Ⅳ.①X956-49

中国版本图书馆 CIP 数据核字（2022）第 253763 号

责任编辑：刘 丹　　责任校对：高 涵　　责任印制：储志伟

中国纺织出版社有限公司出版发行

地址：北京市朝阳区百子湾东里 A407 号楼　邮政编码：100124

销售电话：010—67004422　传真：010—87155801

http: //www.c-textilep. com

中国纺织出版社天猫旗舰店

官方微博 http://weibo.com/2119887771

三河市延风印装有限公司印刷　各地新华书店经销

2023年8月第1版第1次印刷

开本：880×1230 1/32　印张：6

字数：109千字　定价：58.00元

前 言

近年，女孩安全问题逐渐成为大众关注的热点。随着一桩桩性侵案的不断曝出，我们在震惊和心痛之余，也不免有一种错觉——这个时代的“坏人”难道变多了吗？并非如此。女孩遭遇性侵犯的情况一直很严重，只是现代社会的信息传播速度更加快捷、信息传播范围更加广泛，我们能知道更多的相关资讯而已。

而且，根据研究表明，那些被报道出来的性侵案很可能只占七分之一！什么概念？就是说在一起被曝光的性侵案件的新闻背后，可能还有已经发生但是没有被曝光的案件。所以，孩子的安全教育，尤其是针对女孩的安全教育迫在眉睫。

作为孩子的家长，我们应该告诉孩子如何保护自己，应该举起讨伐犯罪行为的大旗，给孩子一个健康快乐的成长环境。

那么，父母要如何做，才能保护孩子不受侵害呢？毕竟父母并不可能100%保障孩子的安全，不可能时时刻刻陪伴在孩子身边。

其实答案很简单，家长要做的，就是帮助孩子建立安全意识，培养孩子的自我保护能力，让她们能够正确应对那些有可能发生的危险。

作家刘瑜曾经给女儿写过这样一段话：

“我希望你是个有同情心的人，对他人的痛苦抱有最大程度的想象力，因而对任何形式的伤害抱有最大程度的戒备心。”

是的，我们给孩子普及性知识，不是因为对这个世界感到失望，而是让孩子对危险有更好地了解，从而更好地防范。毕竟改变这个世界很难，但学会如何保护自己则容易得多。本书就是基于让女孩建立和提升自己的安全意识的目的而编写的。

书中设置了校园、生活、网络等常见场景，同时用生动的例子来说明在这些场景中，有哪些情形是可能让孩子遇到危险的，以及孩子遇到危险时的一些应对方式。另外，本书还列举了孩子在青春期阶段可能会涉及的安全问题，力求让家长能够更全面地帮助孩子防范危险。

孩子的安全问题关系重大，让青少年群体建立安全意识，是全社会的责任，任重而道远。撰写本书时，作者抱着深切的同理心、敬畏心与责任感。如果本书能够为这项伟大而艰巨的任务提供一点参考，点亮一点前进的微光，那便是功德无量了。

洪嘉阳

2023 年 3 月

目录

第一章 写给家有女儿的家长

家有女儿，父母应该知道的性观念

在针对孩子的性安全教育方面，家长本人开明非常难得，也是非常重要的。但是，作为家长，我们这一代并未接受过系统的性教育，该如何对自己的孩子进行性教育呢？

首先，我们需要确认一个观点——父母是孩子性教育中最重要的老师。

父母的性价值观会直接影响孩子的性观念、性认知、性道德。因此，父母是否具有正确的性价值观就变得尤为重要。

那么，什么是正确的性价值观呢？我们可以先来做一些测试。

1. 女孩就应该穿粉色裙子，玩过家家玩具和芭比娃娃。

2. 当孩子不小心看见我的裸体时，我觉得没什么。

3. 不同性别的5岁双胞胎可以一起洗澡。

4. 一起玩的时候，女孩应该被男孩照顾，或者男孩应该谦让女孩。

5. 上幼儿园的女儿，可以当着爸爸及其他男性长辈的面换衣服。

6. 我上小学的女儿竟然有了男朋友，真是太可怕了。

7. 为了找个好对象，为了获得异性的赞赏，女孩子需要保持身材和打扮自己。

8. 女孩子的方向感、逻辑思维能力就是不如男孩子。

9. 女孩子就应该从事教师、护士等职业，而机械师、科学家等职业只适合男孩子。

10. 女孩遭遇性侵，很可能是女孩不够自爱。

11. 来月经是件让人羞耻的事情。

12. 爸爸可以亲昵地亲吻和抚摸女儿。

13. 结婚之前发生性行为就代表不纯洁了。

14. 为女儿普及性知识时，会避讳用“阴茎”或者“子宫”

等正式词语，而改用“小鸡鸡”或者“房子”等词语代替。

15.异性老师、亲戚、邻居是可以完全信赖的，可以和女儿独处。

16.同性恋是一种不正常的性取向。

17.小孩子如果抚摸或者玩弄自己的生殖器，就应该马上被制止。

18.孩子询问妈妈月经期为什么会流血，让她别问那么多或大点再告诉她。

19.不应该对孩子进行避孕等知识的教育，认为她们长大后自然就会懂了。

20.被孩子看到自己和伴侣的亲密举动会很尴尬，但是不会做出解释。

以上这些场景都是很常见的。针对这些场景，你的选择是什么呢?

如果你对以上问题的回答都是“错”，那么，恭喜你，你已经是一位非常注重性教育和具有良好性观念的家长了。但是，如果你觉得其中一些场景很正常，也没有意识到这样有什么不对时，那就要重新审视一下自己认为的正确观念了。

或许，我们会认为小女孩在爸爸面前不穿衣服没什么大不了的；或许，我们曾流露出女孩子就是需要男孩子照顾的观点；或许，我们无意中嘲笑过其他小女孩的穿着；或许，我们在为孩子普及性知识时，觉得直接说器官很不雅观，从而用可爱的词语来替代。

而这些所谓的“或许”，其实都在潜移默化中，对女儿传递了不好的性教育观念。所以，家长在对孩子进行性教育之前，最应该审视的其实是自身的性观念。

其次，性观念也会影响性安全教育的观念。

有些家长的观念是“女孩子的贞洁最重要”“女孩子不要谈论性”“谈性的都不是什么好女孩”……而这种羞于谈性的观念，会给女儿造成一种“如果我遭到侵犯，我就不是个好女孩”的观念，这种观念会危害孩子的一生。

除此之外，很多家长也会打着为孩子安全着想的旗号进行“一刀切”，比如“不许和小男孩玩”“上大学前不准谈恋爱”“不能对性感到好奇”……可是这样就安全了吗？答案是否定的。如果家长在性问题上讳莫如深，反而会对孩子起到相反的作用。

随着年龄的增长，孩子们在不断学习各种知识的同时，也需要学习一些性知识。孩子的性知识需求不会因为家长的严防死守或假装忽视而消失。当家长拒绝普及性知识时，孩子就有可能去向同学、异性、书籍、互联网寻求帮助，也有可能误入歧途。

再次，最好的性安全教育是“教会孩子如何防患于未然”。

孩子的身心会随着年龄的增长而不断成熟，但是，他们对性的了解并不会随着年龄的增长而加深。所以，孩子很可能在未来出现如下情况：不知道生殖器的正确名字；不知道和异性相处的尺度；不能识别危险处境；因为好奇而偷偷尝试越轨行为……

恐怕没有哪位家长在孩子被热水烫了以后，才会告诉孩子不要靠近热水壶；也没有哪位家长会在孩子遭遇交通事故以后，再告诉孩子过马路要看车吧。对于这些生活常识，我们都知道教会孩子提前预防。那么性教育也是如此，“防患于未然”要远远好过“亡羊补牢”。

树立正确的性价值观，一方面是为了让孩子不迷茫，不好奇；另一方面也是为了让孩子学会自我保护。当他们能够识别危险情况时，才有可能避免受到侵害。对家长来说，教给孩子性知识，就像教他们学会吃饭、走路一样重要。

敏锐地发现女儿的变化

暑假期间，小珠回到了乡下的奶奶家。

在小珠看来，奶奶家没有楼房的束缚，有的是各种新奇的植物动物，而且还有一大群年纪相仿的小伙伴可以一起玩耍，所以她非常开心。

这天，小珠正跟小伙伴们跳绳。突然，有一个比她大几岁的男孩走了过来，说要带他们去村子南边的树林里抓知了。这个男孩小珠认识，是一个本家的哥哥，所以，小珠和小伙伴们就放心地跟着哥哥去玩了。

来到林子里，知了的声音震耳欲聋，小伙伴们立刻四散开来，拿着自制的网子，热火朝天地抓起了知了。小珠第一次抓，没有经验，那个哥哥就自告奋勇来帮她，并跟她说，他知道那边的大树知了特别多，带她去那边抓。

小珠毫无防备，马上点了点头，跟着那个哥哥去了树林的深处。可就在小珠一心一意寻觅知了的时候，那个哥哥却突然从背后抱住了她，在她胸部乱摸。小珠刚想叫，就被对方捂住了嘴，整个人也被推倒在地。

那个哥哥在小珠身上蹭来蹭去，忽然，小珠感到一阵热热的液体蹭到自己的衣服上。随即，对方便松开了小珠，像没事人一样扭头走开了。小珠趴在地上，哭了起来。

天黑了，小珠才回到家，奶奶很着急，问她到哪里去了，怎么没和别的孩子一起回来。小珠不说话，只是说想要洗澡睡觉。奶奶以为她是玩累了，也没多想，就让小珠洗澡睡觉了。

可是，晚上小珠被噩梦惊醒，抱着奶奶大哭，然后就说要马上回家，奶奶只好给小珠的爸爸妈妈打了电话。听了奶奶的描述后，爸爸妈妈没有觉得这是孩子在无理取闹，反而感觉小珠可能遇到什么事了，于是，他们连夜开车来到乡下。

在妈妈的安慰和耐心询问下，小珠终于说出了自己的遭遇。妈妈一边安慰小珠，一边拨打了报警电话。最终，警察带走了施暴者，小珠换下来的衣服成为指控对方的有力证据。坏人受到了惩罚，小珠爸妈也在这件事结束之后马上带着女儿离开乡下了。

女儿的安全是父母最关心的事，而性安全又是安全中至关重要的方面。

女儿在受到侵害之初，可能会因为恐惧，以及施暴者的威胁三缄其口。所以，家长要从一些蛛丝马迹中，敏锐地察觉出孩子的变化。

下面这些情况，很可能就是女儿遇到问题的一些信号。

1. 频繁做噩梦，噩梦之后难以入睡，做噩梦时会惊醒或哭泣。

2. 没有原因地对某个人或某个地点产生抗拒。

3. 情绪变得阴晴不定，暴躁易怒。

4. 用新的名称来指代隐私部位。

5. 饮食习惯突然发生改变。

6. 会说出一些让人毛骨悚然的话，或画出一些令人感到恐怖的图像。

7. 变得胆小焦虑，变得格外依赖父母。

8. 对隐私部位不再遮掩，在家不穿内裤等。

9. 在日常生活中出现与性行为相关的举动，或者玩与性行为相关的游戏。

10. 如果看到或听到与侵害有关的事情，会表现得非常激动或悲伤。

孩子在遭遇性侵害后，心理会受到一定创伤。这种创伤会让孩子表现出一系列古怪行为，这种古怪行为就是我们常说的“创伤后应激障碍”。比如，受伤害的情境会反复在梦里出现，让她们出现入睡困难，频繁做噩梦等症状；再比如，孩子会表现出黏人、依赖、不愿意离开父母的状况，或者潜意识排斥父母的情况。

当然，上述情况不是绝对的，因为不是所有受侵害的孩子都会出现“创伤后应激障碍”。所以，家长要做的就是多细心观察，当孩子出现了某些异常行为时，我们就要提高警惕了。

在孩子吐露自己的遭遇后，家长一定要保持冷静，不要因为汹涌而来的愤怒、内疚、自责、焦虑等负面情绪而冲昏头脑。暴怒的情绪会让人无法控制自己的行为，但是作为父母，我们有责任和义务妥善处理孩子的事情。如果家长被自己的情绪所控制而变得失去理智，那么这些反应就会直接影响到孩子的心理，会给孩子带来二次伤害。

如果有证据，一定要报警。如果没有证据，那么视情况决定是否报警（因为警察来了，必然要询问过程，对孩子来说，回忆事发过程，可能会再一次受伤害）。在这个过程中，我们不要训斥、责骂孩子为什么不保护好自己。事后也不要再在孩子面前提起这件事，也不要带着孩子到伤害她的人家里大吵大闹。家长应该带孩子重新开始正常的生活，让家庭保持温暖、关爱的氛围，尽快帮助孩子度过创伤恢复期，回归正常的生活。

青春期教育，从生理方面家长要和女儿谈什么

在孩子的成长过程中，我们需要注意一个特别的时期——青春期。

青春期，是每个人都要经历的特殊时期。青春期不仅是人体正常生长发育的时期，也是让孩子产生一系列心理变化的时期。

从儿童期的无忧无虑转变成一个突然要应对很多困难的小大人，这对任何孩子来说，都是一个不小的挑战。

在青春期，女孩的身体会有明显的变化，比如身高变高，乳房隆起，皮下脂肪变多，腰、大腿、臀部等部位出现曲线，第一次来月经，长出腋毛、阴毛，出现体味、痤疮等。

这些生理变化对一个女孩来说，简直称得上是翻天覆地的变化，面对如此多的变化和伴随而来的烦恼，青春期的女孩们需要一个懂她们、值得她们信赖的长辈给予安慰和指导，妈妈、姑姑、姨妈等女性长辈无疑是最合适的人选。

那么，女性长辈该和青春期的女孩谈些什么呢?

第一，谈谈月经初潮。

孩子对身体变化的恐惧，往往来自对身体变化的未知性。对

于青春期可能面临的几个最明显的身体变化，家长需要提前给女儿打一剂预防针。

妈妈与女儿谈月经，需要谈到月经的原理、看待月经的态度以及月经的意义。要告诉孩子月经是出现在女性身上的一种正常生理现象，并不是什么倒霉可耻的事情。

家长可以购买一些女性身体图，直白地告诉孩子：

女性的身体里有两个器官是男人没有的，其中一个器官叫卵巢。从女孩出生起，卵巢中就有许多的卵细胞。但是它们一直在卵巢里静静地待着，没有发育。等到青春期到来后，女孩的身体开始分泌激素，这些激素促使卵细胞发育，形成卵子。一般每个月卵巢内都会有一颗卵子变成熟。

成熟的卵子会从卵巢里排出来，到达输卵管。这个卵子在这里等待精子的到来。精子是男性身体产生的生殖细胞，进入青春期的男孩会从生殖器官产生精子。人类之所以能生小宝宝，能繁衍下一代，最初就是因为男性的精子和女性的卵子相结合产生的。

假如女孩正在排卵期，卵子从卵巢里出来到达输卵管，此时如果有男性的精子进入，和卵子结合，那么女孩就会怀孕了。

每颗卵子都是有自己的寿命的，大概只能存活72小时，过了72小时，没有精子和卵子结合时，卵子就会死亡。

在卵巢排卵时，女孩身体里的另一个器官也在忙碌，这个器官也是女孩独有的，它的名字叫子宫。每一次排卵后，子宫内膜就开始变厚，变厚的内膜有许多的毛细血管，其中储存着营养物质。假如精子和卵子结合，形成受精卵，那么下一步受精卵就会进入子宫，逐渐在子宫里生长发育。经历10个月左右的时间，就会长成一个成熟的胎儿。最后经过分娩，一个小宝宝就诞生了。

但是假如排出的卵子没有和精子结合，卵子不久死亡，变厚的子宫内膜也没有了作用，就会逐渐脱落，在脱落的过程中，血管会破裂，流血。这些血液和脱落下来的子宫内膜一起从阴道排出，我们将这种现象称为月经。

月经初潮可以看作是女孩进入青春期的重要标志。

女孩第一次来月经后，妈妈可以给女儿举行一个小小的庆祝仪式，庆祝她身体发育正常，从此迈入了新阶段。妈妈还要给女儿讲解卫生巾的使用方法，同时要告诉孩子，月经期间要注意清洁、保暖。如果女儿出现痛经现象，家长还可以带她去医院做检查，排除病理性的原因。

与此同时，妈妈要告诉女儿，来月经就代表她已经具备了生育能力，如果与异性有生殖器官的接触，那么就有可能怀孕。这个年纪的孩子怀孕，对谁而言都是不能承受的。所以，家长要告诉女儿，一定要学会保护自己。

第二，谈谈痤疮。

痤疮俗称“青春痘”，一般多见于青少年。

出现痤疮，是因为孩子进入青春期后，身体内的雄性激素水平迅速升高，促进皮脂腺发育并产生大量皮脂。大量的油脂不能及时排出而堵塞毛孔，痤疮丙酸杆菌就会趁机大量增殖，进而破坏皮肤的表皮细胞，引起炎症反应。

从生理角度看，痤疮的危害虽然不大，但对青少年来说却是“有碍观瞻”的。所以，家长要告诉孩子正确对待痤疮的方式，不要让他们自行研究如何“祛痘”。

很多孩子会直接粗暴地把痘痘挤掉，或者用清洁力很强的皂基洗面奶或香皂洗脸，甚至用质地粗糙的磨砂膏或洗脸巾洗脸，其实这些都是错误的方法。上述方法会让皮肤的皮脂膜受到损害，反而会加重痤疮的症状。

对于痤疮较为严重的孩子，家长应该带她去医院确定痤疮类型，然后对症治疗。在日常护理中，孩子也可以使用温和的氨基酸洗面奶。切忌，千万不要使用含有糖皮质激素的药膏。而且，家长还要告诉孩子，应对痤疮，最重要的方式是预防。在饮食上，一定要注意少吃辛辣（比如辣椒、花椒、葱蒜等）、油腻、甜腻的食物，要多吃蔬菜、水果，以及含有丰富的蛋白质的食物。在生活习惯上，孩子不能抽烟，不应喝酒，也不要喝浓茶咖啡等，同时还要做到作息规律。

从心情上看，孩子应保持放松心态，不要因为患了痤疮就悲观自卑。也不要觉得大家都会嘲笑自己。家长要告诉孩子，脸上长了痘痘，除了自己外，其他人其实没有那么在乎。

青春期教育，从心理方面家长要和女儿谈什么

除了生理上的变化，心理上的需求也不可不重视。

从心理上来讲，这一时期，女孩们对交朋友有迫切需求，对家长的依赖减少，有事愿意和同伴们商量讨论，而不是找爸爸妈妈。同时，对异性的关注度上升，期盼与异性交往。尤其是涉及与异性交往的问题，需要父母好好想清楚，然后和女儿谈谈。

那么，关于青春期性安全方面的心理教育，家长又该跟女儿谈些什么呢？

第一，谈谈与异性交往。

青春期，孩子会大量分泌性激素。受此影响，女孩会在这一时期对异性格外关注。男孩子也是如此。所以，处于青春期的男孩女孩时常会有“早恋现象”发生。

其实，早恋并不是什么洪水猛兽。作为孩子的家长，担心孩子因为早恋影响学业是正常的，但除此外，家长应该摆正心态，不要一味地回避、阻拦孩子的情感，否则还可能起到反作用。家长可以跟女儿好好谈谈这个问题。

首先，家长对女儿可能会出现，或者已经出现的“早恋行为”

要表示理解和关心；其次，家长要和女儿谈一谈与异性交往时的注意事项。

1. 不要出于感激、感动，也不要出于物质诱惑而“早恋”，更不要因为“别人都有男朋友，我也要有”这样的原因盲目从众。任何情况下，我们与人交往都要出于良好的目的，比如对方可以带给我快乐的体验，对方身上有吸引我，或有让我变得更优秀的闪光点等。

2. 在与异性的交往中，一定要注意尺度和分寸。不要与异性独处，不去娱乐场所，不尝试性行为。如果对方做出侵犯你的举动，那一定要将对方不尊重自己的行为告知父母，向家长寻求帮助。

3. 不要受到影视作品的误导。现实中的异性，与影视剧中塑造的“霸道总裁”并不一样。要引导孩子分清现实生活与影视剧中人物生活的区别，不要因为对方与影视剧人物类似而盲目被吸引。

和女儿谈与异性交往的问题，爸爸和妈妈都可以参与进来。爸爸不要觉得这是敏感话题而有意回避，其实，爸爸也可以为女儿提供另外一个角度，那就是异性的角度。爸爸可以跟女儿分享自己青春期的心路历程，给孩子打开认识异性的新角度。

第二，谈谈性行为。

据统计，我国每年有近1000万的女性会进行人工流产。其中25岁以下的女性占据一半。

在一项针对青少年生殖健康的调查中显示，超过一半的青少年首次发生性行为时不采取任何避孕措施。有过性行为的女性中，每5个人中就有1个人有怀孕经历。

无论父母是否愿意承认，我们现在所处的环境是无法避免性信息传播的。无论是网页上随时会弹出的一些穿着暴露的广告，还是在背地里悄悄流通的黄色刊物，抑或是手机收到的色情敏感信息等，使孩子无意中接收到了许多的性信息。如果他们处于青春期这个容易冲动的年纪，不当的性信息与性刺激就可能会诱导他们做出越轨的行为。

我们决不能轻视这些信息可能带来的影响。与其让孩子在一些暧昧隐约的信息中好奇摸索，还不如家长开诚布公地捅破这层窗户纸，以过来人的角度和孩子谈谈这其中的利弊。

1. 性行为是什么？性行为一般是指人类为了满足自己的性需

要而发生的一些身体接触,比如亲吻等。对于已经结婚的夫妻来讲,发生性行为是正常的现象,可以满足性需求,也是繁衍下一代的需要。

家长要告诉孩子,对异性的好感和可能会有想要亲近的感觉是源自性激素的大量分泌,但是他们这个年龄的身体和心理发育都不成熟,不适宜和异性发生性行为,而且他们无法承担性行为可能带来的后果。

2. 发生性行为可能会有什么后果。对于已经来月经的女孩,发生性行为的严重后果可能就是怀孕。未成年人是不具有独立能力的,怀孕后往往只能选择流产。家长要告诉孩子,流产对女孩的身心会造成巨大伤害,而这种伤害是他人无法替代的。另外性行为还有可能导致一些疾病的发生。至今无药可以治愈的艾滋病,主要的传播途径就是性行为。

3. 告诉孩子不要因为好奇而尝试发生性行为,也不要因为他人的引诱或逼迫而发生性行为。为了避免受到他人强迫的性侵害,一定不要和异性去酒店,也不要跟异性单独去娱乐场所。

4. 如果发生性行为,一定要采取避孕措施,其中最安全的方式是男性佩戴安全套。假如没有佩戴安全套,女孩要在发生性行为后口服紧急避孕药。

5. 如果孩子有自慰的现象,告诉孩子自慰是一种正常的生理需求,不必因此而过度焦虑或感到不安,但决不能沉迷于此。因为过度自慰对身体是有伤害的,很容易引起炎症的出现。频繁自慰更会影响身体和心理的健康发展。如果已经出现自慰的行为,首先需要注意卫生，调整好身心状态，并注意培养积极健康的兴趣爱好，养成良好的生活习惯，改正这种不良行为。

6. 告诉孩子爸爸妈妈也经历过青春期，知道这个时期会带给你一些困惑，因此爸爸妈妈一直会爱你，站在身后帮助你。

谈论这些问题可能需要家长们寻找合适的时机，其实不仅是对于这些比较敏感的问题，任何性教育都要寻找时机。家长可以在与孩子一起看影视剧中的亲密镜头、流产情节时，顺势与孩子谈谈相关知识，也可以在发现孩子偷偷看黄色信息时保持镇静，并与孩子平心静气地谈谈你对这些信息的看法，以及询问孩子有没有什么想要问爸妈的事情。

不要担心和孩子谈论这些问题会让她们学坏，各种研究都表明，接受过系统、科学性教育的孩子，会在与异性交往中更知道如何保护自己。

关于家长实施性教育的一些建议

性教育可能是很多家长的盲区，怎么教育？教育什么？什么时候教育？这些问题单拎出哪一个都令人头疼。

但是，作为父母，我们自己可能就深切体会过性教育缺乏曾给我们带来的困扰，也有可能因为没人告诉过我们如何保障自己的性安全，这些问题我们不希望我们的孩子再经历，因此这是我们要开启性教育的最大动力，也是最终目标。

为了实现这个目标，我们必须要先从自身做起，学习性知识，掌握与孩子沟通的策略，明白家长一些不应表现出的行为等。这里有一些真诚的建议，希望家长可以由此获得对孩子进行性教育的一些启发。

第一，我们需要获取正确和充足的性知识。

这似乎是一句正确的废话，但是爸爸妈妈们真的需要系统学习一些性知识。不要自诩为“过来人”，也不要图省事，首先应该将自己缺失的知识补回来。

性教育包括对自己身体器官的认知、隐私的保护、对生命孕育过程的了解、青春期教育、性别教育，等等，涉及生理、心理、交际、亲密关系乃至人格等多种多样的内容，如果只把性教育片面理解，那只能是说我们对性教育还不够了解。

第二，性教育要开得了口。

知道自己从何而来，怎么来的，这本身就是一个正常的、每个人都有权知道答案的问题。直到今天，很多家长回答这个问题时还有可能告诉孩子：你是捡来的，是天使送来的，这都是不正确的回答。

曾有一个孩子被妈妈告知自己是从垃圾桶捡来的，而当她学习了性知识，知道了事实，显得出奇的愤怒。因为她觉得妈妈一直骗了她这么多年，她对妈妈很失望。

父母不要用自己的思维去衡量孩子的行为。幼儿时期的孩子触摸自己的生殖器官不是色情，上小学的孩子问妈妈为什么流血

可能只是出于担心，孩子模仿看到的性行为做游戏也只是模仿，他们并不知道代表什么意义。

孩子对于性的疑惑和对于其他知识的学习一样，家长如果对孩子提出的其他问题都积极回答，而只对与性相关的问题遮掩，甚至撒谎；如果看到她们自慰（小孩子也会有自慰行为，只是为了寻求快感），就说她们没羞耻心等，那可能就会给孩子传递出“性是羞耻的”“性是神秘的”等信息。这一方面会引起她们好奇，另一方面可能会影响她们对性的态度，比如长大成人后不能正常面对亲密关系，或者遭遇性侵后觉得羞耻而选择闭口不谈等。所以我们尽可以大方地和孩子讲授性知识，她们对疑惑的问题得到了答案，就会释然。

性教育是关于生命的教育，是关于人格的教育。性教育很有必要，性教育不“脏”。

第三，明白性教育与性安全的关系。

对孩子进行性教育，一个重要目的是让孩子知道自己的隐私，知道自己身体的界限。假如有人骚扰或者侵犯她们，她们立刻就能意识到这是有问题的，而不是不知道发生了什么。

在儿童性侵案中，有些孩子屡次遭到侵犯而不告知家长，其中性安全教育的缺失是重要原因。很多孩子当时根本不知道自己是被侵犯了。

给予孩子系统的、正常的性教育，一方面会在一定程度上消除孩子的好奇和疑惑，从而避免由此产生的主动通过危险的渠道去寻求性知识的可能；另一方面，在孩子遭遇性侵犯时有一些应对策略，最坏的结果就是如果发生性侵犯，那么孩子也知道要告知家长，而不是一无所知或感到羞耻而默不作声。

第四，性安全教育的核心是预防。

亡羊补牢不如未雨绸缪。

况且这个亡羊补牢的代价很有可能是孩子一生的心理阴影。

据研究，性侵案中七成以上都是熟人作案。这带给我们的启示是，我们最需要让孩子提防的不是陌生人，而是熟人。

因此，教导女儿，任何情况下不和异性单独相处，不去高危场所，不在夜晚独自出门，不坐黑车，不尝试吸烟、喝酒、赌博、吸毒。我们希望孩子提高安全意识，能够尽可能地远离可能发生危险的情形，降低发生危险的概率，希望孩子永远不要用到那些遇到性侵时的防身技巧或保命的策略。

第五，良好的亲子关系是性安全教育的前提，和谐的家庭氛围是孩子安全感和爱的能力的来源。

一切有效的沟通都是建立在良好的氛围、和谐的关系前提下的。

父母之间的相处方式会是孩子最生动、直接的教材，对孩子以后建立起自己的亲密关系影响深远。同时，在充满爱的氛围下长大的孩子，轻易不会因为缺爱而被引诱欺骗。

在许多被陌生网友侵犯的女孩中，仅仅只是因为对方给了自己一点温暖，表现出对自己的关心，可能就觉得无以为报，轻易相信对方的甜言蜜语和邀约，将自己置于危险之中。

第六，家长在家庭生活中的禁止行为和注意事项：

1. 不要给孩子穿开裆裤。

2. 不能随意摸弄孩子的生殖器。

3. 不能因为孩子小就让她随地大小便。

4. 不能强行搂抱亲吻孩子。

5. 不帮孩子洗性器官。

6. 在孩子能够独立洗澡后，就不再帮她们洗澡。

7. 父母在家也要注意穿着，不过分暴露。

8. 家长不要把脏话当口头语。

这些都是为了帮助孩子建立自己的隐私意识、独立意识、安全意识。将孩子看作一个独立的个体，除了她自己，任何人（包括父母）都是不允许随意触碰自己的隐私部位的。

9. 家中不能出现色情刊物或者色情视频。

10. 父母之间要避讳亲密行为，避免被孩子看到。

这些都是避免孩子提早对性产生好奇，做出与自己年龄不相仿的行为，或者给孩子留下对性的负面印象。

11. 日常谈论中不表现出对同性恋、跨性别者的歧视。

12. 听到关于性侵的新闻，不发表“受害者有罪论”。

性别教育和性取向也是性教育的一部分。不仅要告诉孩子，男孩、女孩没有统一定义，女生应该做什么，不应该做什么；同时，性取向不只有异性这一类，同性之间也可以成为伴侣。

这会让孩子对两性，性关系有更宽容的心态。孩子知道了这些，可能因此人生有更多可能，也不会轻易去嘲笑看起来像男生的女生，而且假如自己以后遇到了这样的困惑，也会知道爸爸妈妈是什么样的态度，不至于感觉孤独无助，承受巨大的压力或者陷入无法自拔的自卑中。

第二章

校园中，女孩应该注意些什么

提升性别意识，对抗学校中的性别歧视

刚刚上小学二年级的小熙在课间和好朋友笑笑一起到操场玩耍，两个人打算玩扮演公主的游戏。

这时候，正巧有几个男同学在玩警察抓坏蛋的游戏。小熙一看同学们玩得热闹，忍不住跑过去，想要加入他们一起玩。

有个高高壮壮的男同学不同意："我才不跟女的一起玩呢，女的都是大笨蛋！"说完就跑开了。其他几个男生看到后，也纷纷和小熙"划清界限"。

有个男生有些不忍心，便"好心"建议："你要是玩也行，你就演坏蛋，我们男生演警察，我们抓你！"小熙感到很委屈："凭什么我要演坏蛋，你们不和我玩，我还不和你们玩呢！"笑笑也在一边劝小熙："我妈妈说，女孩子不能玩这些，打打杀杀的多不文明啊！""就是，女孩玩什么枪啊！"那帮男生一哄而散。

小熙突然失去了想玩游戏的心情，便转身往家走去。

年级组的老师在旁边目睹了这一切，她走过来安慰小熙，并告诉她，这些男同学虽然不是有意的，但他们的行为其实也是一种性别歧视。

性别歧视，指的是性别上存在的偏见。

有男性对女性的偏见，也有同性之间的性别歧视。比如，上面案例中男生对小熙的态度，就是典型的对“女生”群体的偏见。

当然，性别歧视可能来自异性，也有可能存在于同性之间。比如案例中的笑笑，她自己也认为女孩子就应该玩过家家之类的游戏，而玩具枪、小汽车等都不是女孩应该玩的玩具。这也是性别歧视，是同性之间的歧视。

这样的性别歧视，源于错误的性别观念意识。

就男生对女生的歧视来说，男生会觉得自己这个群体比女生这个群体更加优秀，或者觉得男生就是比女生强。他们完全忽略了个体的差别，比如男生也有语文成绩很好的，女生也有数学成绩很好的。我们不能因为男性力气大、个子高，就觉得他们在各个方面都是优秀的。更不能因为女性力气小，个子矮，就觉得她们不如男生。

事实上，我们之所以会产生性别歧视，很大一部分原因是因为身边的成年人无意中透露过相似的思想。比如有些老师在选体育委员时，会倾向于选择男生，甚至说一些“女孩子当什么班干部”的话，这种话会引来学生模仿，对我们的成长造成不利影响。

那么，面对性别歧视，我们应该如何解决呢？

首先，我们要树立一个正确的性别意识，不要被所谓的“主流”带偏。

在许多人的传统观念中，“男孩”“女孩”不仅仅指的是生理区别，还附带了许多其他的标签。比如男生就应该坚强，身强体壮，女生就应该文文静静；男生就应该学习跆拳道、街舞，女生就应该多练练书法和芭蕾，等等。这就给男生女生打上了鲜明的标签。

其实，男生可以温柔细腻，女生也完全可以果敢强硬。每个人都可以追求自己喜欢的领域，创造属于自己的价值。没有人应该被装进固定的条条框框中，接受别人的指指点点。

其次，遭遇性别歧视，不要与之争辩，用行动来证明自己。

案例中的小熙，在遭到男同学的性别歧视后回怼了回去，这其实是起不到任何作用的，男同学们的观念也不会因此而改变。

小熙妈妈应该如何帮助女儿解决这个问题呢？最好的办法是给女儿买一把最酷的玩具枪，让孩子在广场上接受“崇拜”的目光。同理，如果有人觉得女生学不好数学，那就更应该为了证明自己而发奋学习，用优异的成绩让那些有性别歧视的人说不出话。

面对性别歧视，我们只做口舌之争是没有任何意义的。性别歧视的确让人恼火，但是如果就此争吵、生气，对改变现状没有任何帮助，反而正中了歧视者的下怀，没准还多一个“女生就是小心眼”的标签。所以，别被这些无聊的言论影响，“走自己的路，让别人说去吧”。当我们自己足够强大，这些言论就再也不会对我们造成什么影响，因为我们有自己的思想，自己的目标，根本不需要被他人定义。

体育课上注意保护隐私

多多放学回家，衣服又是脏兮兮的一大块，妈妈一问，才知道衣服又是在体育课上弄脏的。妈妈正要拿着多多换下来的衣服去洗，突然，她的手机响了，原来是笑笑妈妈发来的信息。笑笑是多多的同学，她的妈妈发消息过来，目的就是提醒多多妈妈：要让孩子注意保护隐私，不要因为孩子还小就不注意这方面的教育。

原来，多多上体育课时表现得特别积极，所有的运动都特别爱参与，也因此被选为体育委员。今天体育课自由活动的时候，多多为了给大家看她做的仰卧起坐是不是标准，便直接在操场上为大家演示仰卧起坐的姿势。

因为是夏天，多多穿的是校服裙子，所以做动作的时候裙摆翻了上去。虽说多多里面穿着安全裤，而且老师发现后马上就让多多停下来，但是笑笑说班上有几个男生在偷偷地挤眉弄眼，还嗤笑起来。笑笑妈妈觉得这个问题有必要提醒一下多多妈妈，所以赶紧给多多妈妈发来信息。

多多妈妈想起自己曾和多多说过这方面的问题，要注意保护自己的隐私，但是重点一般放在了注意陌生人方面。可能多多觉得老师、同学都是很熟悉的人，所以才没什么戒心。是时候要好好嘱咐一下多多关于个人隐私的事情了。

隐私，意思就是隐蔽，不需要公开的私事。

我们每个人都有自己的隐私，比如身体隐私部位、自己的手机号码、相关密码等。这里我们主要来说说身体隐私。

女生的身体隐私部位指的是乳房、外阴、臀部、肛门等。这些部位是除了医生必要的检查以外，其他人都是不能随意观看、触碰的。女生还有一个独有的生理现象——月经，这也属于我们的身体隐私。除了身体部位和月经的隐私，还有女生的体重、三围、月经日期等也都属于个人隐私。

我们都有隐私权，就是有权隐蔽自己的隐私部位、不公开自己的信息以及保护自己的隐私不受侵犯的权利。

保护隐私，需要注意几个方面。

第一，注意保护自己的身体隐私。

上体育课、日常玩闹都需要注意保护自己的隐私。不要让别人看到或者触碰到自己的隐私部位，不要穿低领的衣服，穿裙子一定要穿安全裤，不做幅度大的动作等。案例中的多多就没有注意这些问题，所以才会发生裙子翻上去的尴尬事情。

另外进入青春期的女生胸部会逐渐发育，上体育课时可以穿上支撑力较好的运动内衣，防止对胸部造成伤害，也防止引起异性的过多关注。

第二，注意保护自己的信息隐私。

如果上体育课时遇到月经期，那么你可以和老师请假。首先，因为月经期并不适合剧烈的活动，体育课上很多动作可能不适合做；其次，月经期也常常会伴有腹痛、乏力等症状，比平时更加需要休息。

这时要注意的是，如果有体育老师（男老师）要求记录你的月经生理期，即哪天会来月经。你要知道这是侵犯了你的隐私的行为，一定要委婉拒绝，比如你可以说找我的家长商量这件事等。这是你的隐私，你有权不告诉任何人。

第三，注意保护他人的隐私。

我们有隐私，其他人也有自己的隐私，每个人都有权利保护自己的隐私。案例中笑笑妈妈对多多妈妈的提醒就是为了保护多多的隐私。

同时，我们也不要去侵犯别人隐私。比如，在一起玩游戏时注意不能触碰到他人的隐私部位；与男生打闹千万不可攻击对方的隐私部位，因为这有可能会给对方造成很大的伤害；当然更不能故意触摸或者伤害他人。

男女有别，和男生交朋友要注意界限

刚上二年级的小美，是名活泼天真的小女孩，她喜欢交朋友，无论是和男生还是和女生都能玩在一起。小美没觉得这有什么不妥，很多同学也都很喜欢小美。

有一天，小美放学回到家后闷闷不乐，经过妈妈询问她才说出原委。

原来今天在学校的时候，老师调换座位，将小美和昊昊调换在一起做同桌。这本来也没什么，就是正常地调座位，每周都会进行。

可是今天调完座位以后，班上就开始传起了谣言，说是小美就想和昊昊坐在一起，她喜欢昊昊，甚至说昊昊是她的“男朋友”。小美虽然不是很懂“男朋友”的意思，但隐隐约约她知道这是一种区别于普通朋友的关系。

她觉得自己没有这个想法，于是便和调侃的同学争辩起来。

谁知他们仍然嬉笑着说：“平时一起在操场上玩，就你们两个人你追我赶地打闹，昊昊还牵过你的手呢，就是你男朋友。”

“昊昊还送给你一支漂亮的自动铅笔呢！我看见了。”

“你和昊昊放了学还每天一起走呢！”

……

小美不知怎么和他们争辩，心里觉得很郁闷：“这怎么就变成我男朋友了？我和其他朋友也是这样的呀。”后来一天小美都没和昊昊说话，而且她现在觉得有点讨厌昊昊，也不想和他一起玩了。

听着小美的讲述，妈妈知道小美有必要知道一些如何跟异性交往的常识了。

男性和女性是这个世界上完全不同的两种性别。

这种不同体现在生理和心理方面。

生理上来讲，区别男女性别的特征叫作“第一性征”，最明显的，也是最为人熟知的是生殖器官的不同。从外部来讲，男性和女性的身体差异会更明显，比如男生会长胡须，长体毛，女生胸部会发育变大等，通过这些特征我们一眼能辨别出对方的性别。

除了生理上面的差异，男性和女性在心理方面也有很大差异。

比如女生会有更加细腻的情感和更敏锐的感知力，而男生会更加喜欢表现、展示自己等。当然这种差异不是绝对的，并不像生理差异那么明显，因为每个人都有不一样的性格和思想。

但是就男女生之间的交往来讲，我们还是需要注意这两方面的差异的。

男生和女生在生理和心理上都有区别，而男女结合又是以后社会生活中组成家庭的主要形式，到达法定婚育年龄的男性和女性会结婚、生育下一代。这是自然规律，也是我们这个社会的规律。

但是很多人会对这种规律产生误解，反映在学生时代就是当他们看到男生和女生在一起玩，就会调侃说他们是男女朋友关系，但其实他们并不清楚什么是恋爱，以及什么是真正的男女朋友。

那我们和男生交朋友应该知道哪些注意事项呢？

首先，需要知道男女的区别，注意和男生交往的界限。

我们要知道男女有别的原因，一方面是因为社会的固定认知，你可能只是觉得和男生是正常的交朋友，但是其他人就会起哄、造谣。就像案例中的小美，她虽然内心完全没有交男女朋友的想法，但是其他人看见她和一个男生走得很近，就调侃他们是在谈恋爱。

另一方面是我们和男生交朋友确实需要注意男女的区别。比如我们和女生一起玩就可以手拉手，搂搂抱抱，下课一起去厕所。但是和男生就不能有这样的举动。

其次，也不能因为男女有别就刻意回避男生，不和男生交朋友。

这是什么意思呢？

既然和男生交朋友有这么多的麻烦和顾虑，那我们就不和男生做朋友了，不就避免这些问题了吗？

其实并不需要刻意回避。

从长远来看，我们以后无论是在校园，还是工作，或是组成自己的家庭，都是会和男生有接触的，我们的生活需要和男生打交道。所以，我们需要了解这个世界上另一半人群的思想、行为方式等，这对于增加我们的见识以及应对以后的人际交往都是非常有必要的。

其实无论是和女生交朋友还是和男生交朋友，我们都要了解自己的性格特点，对方的性格特点，我们都要举止适度、自尊自爱、不说伤害他人的话语、不卖弄自己的长处等，这是人际交往的通用准则。只不过在和男生做朋友时，我们需要了解到男女的生理差别，知道哪些举动是不适宜的，由此多一些注意事项而已。

大方回应“情书”，表示感谢，保护自尊

艳艳最近十分烦恼，因为她收到了一封“情书”。

她不知道情书是谁写的，这封情书写得也很简单：“你的笑容真美丽，就像红艳艳的太阳，每天照亮我的心。”署名是“一个每天期盼见到你的人”。

信上没有署名，艳艳也想不出是谁。最近几天一上学她就在想这件事，有个男生跟她多说几句话，她就会想情书会不会是他写的，弄得自己神经兮兮的，心里不禁埋怨：究竟是谁写的啊，知不知道这一封情书给我带来多少烦恼啊。

不过这件事，她不打算跟爸爸妈妈说。因为妈妈一听“情书”“早恋”就如临大敌,艳艳可不想自己被妈妈穷追猛打地追问。她也不想交给老师，因为之前班主任老师发现一位同学收到的情书，竟然当众读了出来，那简直是太丢人了。

艳艳想到了自己的小姑。小姑也是位教师，活得潇洒独立，而且艳艳觉得她和别的老师不一样，总是和学生打成一片，没有一点“架子”，平时和艳艳关系很好。于是艳艳便把自己收到情书的事情告诉了小姑。

小姑先是认真听了艳艳的叙述，然后对艳艳说："首先，小姑替你感到高兴，因为这证明艳艳身上的优点征服了别人，你的笑容就是很美啊。其次，对异性有好感是非常正常的事情，那个写情书的男生只是表达出了这种好感，并不知道会给你带来困扰。最后，如果信得过小姑，可以把那封情书交给我保管，等到你成年，如果你还想要，小姑会再还给你。"

于是艳艳将人生中的第一封情书交给了小姑保管，内心的一块石头也落了地。她甚至隐隐有些期待，若干年后，如果自己再看到这封情书，内心会是什么样的感受呢？

青少年时期，孩子的心理也会随着大脑、身体的发育而产生相应的变化。其中，最明显的变化就是对异性的关注度上升。这是正常的现象，孩子和家长都不必有思想负担。

家长只需让孩子明白，处于青春期的你，在身体和心理发育方面都是不成熟的，这个时候，孩子之间的好感也只是朦朦胧胧的。因为孩子不能准确分辨"欣赏""喜欢""感激"或"爱"，所以她们经常会把朦胧的感觉全部归结于"我爱对方"上。

与成年人之间的恋爱不同，成年人能够为自己的各种行为负责，他们谈恋爱的时候，除了热烈的感觉外，还具备更多的理性思考。比如和对方恋爱是不是能够激发自己变得更好，两个人能不能携手共渡难关，两人的思想是不是统一，三观是不是契合，能否一起组建一个家庭，并一起养育后代，让这个家庭一直维持和谐美好，等等。可是，青春期的孩子除了热烈的感觉外，很少会考虑这些带有责任感的问题，这也是成年人害怕孩子“早恋”的原因之一。

关注异性，对异性有好感，想要表达出来却又羞于启齿。那么这时候文字就成了很好的载体，便自然而然有了抒发情感的“情书”。所以“情书”可以说是内心真挚感情的流露。但是对于许多收到情书的人来讲，恐怕就会平添许多的烦恼。

作为女孩子，一方面，周围的观念会影响我们。让我们觉得收到“情书”似乎就意味着早恋，而早恋在家长和老师的印象中，是如洪水猛兽般的可怕。所以收到情书或者面对他人表达好感时，可能会使我们感觉羞愧、慌乱、恼怒，甚至会觉得自己不是“好学生”了。另一方面，面对这样一份感情，我们会有不知道如何处理的情况。

当我们收到情书时应该怎么做呢？

首先，先静观其变。

不要公开声张或者指责，也不要自己胡思乱想。如果声张或指责，那会令对方难堪，而且可能会给对方带来很大的心理压力。自己也不要胡思乱想，给自己造成压力。

其次，可以和信任的长辈沟通。

像案例中的艳艳，她因为知道父母和老师的态度，所以没有将情书交给他们，目的也是出于保护自己和照顾对方的心理感受。可以和自己信任的长辈沟通，或者学校的心理老师等。不建议和同学沟通，因为大家的认知都差不多，可能并不能给你很好的建议。

最后，如果因为没有回应，而受到对方骚扰，先和对方沟通，说明你的想法。如果对方还不放弃，那就可以告知老师或家长来处理。

我们在青少年时期遇到的感情，收到的情书，有可能只是因为自己的某一个优点被对方欣赏，进而产生好感。这是一种真挚美好的感情，但是却缺乏长久和稳定的基础。

有了这种朦胧的感情，就像是内心长出了一株小幼苗。当我们收到了对方未长成的“小幼苗”时，要向对方表示感谢，然后告诉对方：希望我们都能珍惜这份真挚的感情，如果我们都长大了，这株小幼苗还在，而且也开花了，那时候请把这朵花摘下送给合适的人吧。

提高警惕，避免和男性老师独处

艾艾五年级时喜欢上了画画，之前妈妈总是说要给她报美术班学画画，她都没什么兴趣。现在艾艾主动想学，妈妈当然也很乐意培养。于是,妈妈给女儿选择了一所离家近的美术班并报了名。

前几次去学，每次艾艾学完回家都很兴奋地告诉妈妈今天又学了什么技巧,老师夸自己聪明有进步什么的。看着女儿这么开心，妈妈也跟着高兴。

后来妈妈发现艾艾有些不对劲，似乎对画画也没什么兴趣，还流露出不想学的态度。妈妈心里很生气,心想这孩子真是没常性，刚学几天就不想学了。但还是耐心地劝了艾艾几句。艾艾虽然勉强答应着，但似乎有什么难言之隐。

直到一次，艾艾从美术班回来后情绪很不好，甚至连饭都吃不下了。在妈妈的追问下，艾艾“哇”的一声哭出来，然后跟妈妈说了今天发生的事。

原来,教孩子们画画的男老师,今天把艾艾单独叫到一间屋子，说是要给她看一幅名画，等进了屋子，男老师就立刻抱住了艾艾。艾艾吓坏了，于是拼命挣扎。这时候，那男老师说他可以单独给艾艾补习，保证她画画进步最快，只要她乖乖让他摸摸亲亲，并且不把这件事说出去。艾艾吓坏了，但是又不知道怎么办，急中生智地说道，她要考虑考虑，下次给他回复。这时候正好门外有人经过，一边走一边打电话，艾艾趁机跑向门边开门跑了出去。

其实之前，这位男老师就趁着教画画的时候，有意无意地揽住艾艾的肩膀或者腰，艾艾不想去学画画也是因为这个原因。但是她又不确定究竟是老师做得过分了，还是自己多想了。今天的事让她确定老师的行为是令人厌恶的，但是她吓坏了，不知道到底要怎么办，直到妈妈追问她，她才敢说出来。

妈妈听后，又是心痛又是震惊，她安慰了女儿后果断选择了报警。警察调查后发现这位男老师还猥亵过其他女学生，而且有几次还被监控拍到了。

证据确凿，男老师最终被关进了监狱。

老师，传授学生知识的人员。绝大多数的老师都受过高等教育，他们为学生提供正确的知识和指导，被比喻为“辛勤的园丁”，毫无疑问是值得我们尊敬的人。但是，近几年频有老师猥亵、性侵学生的事被曝出，这说明在老师这个队伍里也隐藏着“坏人”，这不得不引起我们的思考和重视。

老师因为身份和职业的原因，在学生和家长眼中自然是权威的代表，家长也会教育孩子在学校要听老师的话。所以，绝大多数的学生面对老师的要求一般都是会遵从的，这有助于保障学校的正常教学秩序。但是恰恰就有一些老师利用了学生的这种心理，对学生实施猥亵。所以，我们需要提高警惕，防范这种有可能来自权威人员的伤害。

首先，我们需要知道什么是猥亵，以及老师如果做出什么举动是不妥的。

猥亵，指的是一种强行对他人做出搂抱、亲吻、抚摸等举动的犯罪行为。而且法律规定，对于14周岁以下的儿童，无论是否儿童愿意，只要对儿童做出如上举动，就是犯了猥亵罪。所以上面案例中的老师强行搂抱艾艾就已经触犯了法律。除此之外，如果老师给你看色情图片，讲黄色笑话，也是侵犯你的表现。

其次，让女孩避免和男老师单独相处。

对学生实施猥亵的人，为了避免被人发现，一般会选择僻静的地方或者是只有老师和学生两个人的时候。所以，我们要做的就是提高警惕，避免和男老师单独相处。

再次，我们要学会委婉拒绝。

假如遇到男老师借口给你讲题而故意触碰你的身体，或者单独叫你去某个地方，比如去仓库拿点东西，只有你们两人。那可以委婉地找个借口，比如自己想上厕所，身体不太舒服等，或者喊上同学一起去。如果老师是用无法拒绝的理由，比如单独找你谈话等，或者是已经独处一室了，那就要时刻保持警惕。

一旦对方做出什么不妥当的举动，比如把门关上，试图亲吻搂抱，说一些下流的话语等，如果是在安全的地方（比如知道隔壁或走廊有人），那就可以直接拒绝，然后借口走掉。如果是僻静人少的地方，则可以先拖延时间，拒绝并质问老师为什么要这样做，并借机快速离开独处的现场。

最后，如果真的遭到老师的猥亵，一定要勇敢地说出来。

如果我们意识到老师对自己做了不妥的举动，一定不要忍气吞声，一定要告诉自己的家长，家长会和学校联系或者报警。比如案例中的艾艾，假如没有告诉妈妈这件事，没有报警，那么说不定艾艾还会继续受到老师的骚扰。

只有让犯罪的人受到惩罚，才能避免下次再遭受类似的经历。没有什么不好意思的，这完全是猥亵者的错。

当然，不是说男性老师都是坏人，我们也不要远离所有的男性老师，或者就此产生阴影。列举这些事例和应对方法，目的是告诉大家一些预防的常识，让大家提高警惕的意识，让我们建立起自我保护意识。假如遇到类似的事情一定要意识到这是不对的，而且一定要尽快告诉家长，这样才有可能真正起到保护自己的作用。

面对校园欺凌，不忍气吞声，也不做帮凶和旁观者

晓静是一名转校生，因为父母离婚，她和妈妈一起回到老家生活。

晓静刚一来到班级，就被班里的几个女生盯上了。她们是一个“帮派”，平时在班里作威作福，总是欺负其他同学。班里的同学有的被勒索零花钱，有的在放学路上被堵住然后被围殴，大家都是苦不堪言。

晓静因为是转校生，刚来也没什么朋友，看起来文文弱弱的，而且她们还知道晓静是个单亲家庭的孩子。于是，这几个女孩便想整整这个新来的学生。

她们趁课间时候，往晓静的桌洞里放了几条鳝鱼。等晓静发现时吓得一下子站了起来，惊恐大叫，她们却在一旁偷笑。被老师发现后批评了几句，她们也根本不放在心上。

面对欺凌，晓静一直默默忍受。可是，晓静的容忍反而助长了她们的气焰，让她们觉得晓静就是那种好欺负的人。于是，她们开始变本加厉，在放学路上拦住晓静要钱，如果翻到了就直接抢走，如果没有就围殴晓静。这些事晓静一直没对任何人说，而班里的同

学知道是谁做的，却也没人站出来帮助晓静或者报告老师。

直到一次，一个班里的男生问晓静借笔，晓静借给了他，还和他说了几句话。这本来是件很平常的事，晓静也没放在心上。有天放学时，晓静又被她们堵在了一条胡同里。晓静以为她们又是要钱，便说今天没带，明天给她们。谁知领头的那个女生却说，今天不要钱，是因为她和那个男生说话，那个男生是她男朋友，晓静居然敢和她男朋友说话，得好好教训她。说完便开始对晓静拳打脚踢，还撕破她的衣服，最后拿出手机拍照。

等晓静回到家，妈妈看到披头散发、衣衫不整的女儿，才知道原来女儿在学校一直遭受欺凌，她心痛之余赶紧报了警，学校和警察终于开始对这起校园欺凌事件介入调查。

什么是校园欺凌？

校园欺凌指的是发生在校园内外，主要由学生参与的一种伤害行为。欺凌发生时，一方会蓄意或恶意通过肢体、语言及网络等手段欺压、侮辱，造成另一方人身伤害、财产损失或者精神损害。

欺凌有身体欺凌也有语言欺凌，比如一群学生对一个学生拳打脚踢或勒索钱财，或讽刺挖苦、起外号等，都属于校园欺凌。校园欺凌不分性别，不仅是男生之间，女生对女生同样也会欺凌。

欺凌他人的人常常是嚣张跋扈的，自尊心和报复心强，个性偏激但是又自私冷酷。被欺凌的学生常常是身形看起来弱小，平常沉默寡言，自卑、胆怯的孩子。

因为欺凌他人的学生常常会有“以大压小”“倚强凌弱”的心

态，他们会欺负看起来比他们弱小的人从而获得满足感。

如果遭受到欺凌，一定会对身体和心理造成双重伤害。

身体可能遭到殴打、推搡，衣服、书本等遭到损坏，更重要的是心理会遭受严重的、看不到的伤害。有研究表明，遭受欺凌的学生会有压抑、焦虑、失去自信等表现，甚至会自暴自弃和有自杀倾向。

那么，我们应该如何防范校园欺凌呢？

1. 学习防身术或者是多参加体育锻炼，让自己的身体强壮起来。

2. 多读书，让自己的内心强大起来。

3. 多结交志同道合的朋友，让自己不再孤单。上下学结伴而行。

4. 不和同学发生冲突。

5. 向家长或者向自己信任的长辈讨教经验，寻求建议。

那么，当我们遭遇到校园欺凌时该怎么办呢?

1. 我们必须明白欺凌不是学生交往中的正常现象，被欺负是不正常的，不是忍忍就过去的。而且常常是越忍耐越被欺凌者视为“好欺负”，还会有下一次欺凌。

2. 如果第一次遭受言语欺凌，比如被起外号，被讽刺挖苦等，需要明确表示出自己的态度。看着对方告诉他，你这样做是不对的，你不喜欢被叫外号，如果再敢这样，就会报告老师和家长。欺凌者通常是“欺软怕硬”的，一般受到挑战后，会选择退缩。所以如果你从一开始就表现得强硬，对方就可能会知难而退。但是不要放狠话，比如“你给我等着”“看我不找人收拾你”等，避免激化矛盾，或者招致更多的伤害。

3. 如果遇到被勒索财物，如果没有，就实话实说，说我今天没带钱，或者钱买东西花光了，并可以主动让对方检查。假如你带着钱，对方要翻你的书包，可以把书包摘下来给对方翻，可以在他们翻你书包的时候趁机跑到人多的地方。

4. 如果遭到欺凌，不要用报复的方式再欺负回去。比如对方给你起外号，你也给他起外号，对方推了你一下，你就打他一拳，或者找更多的人来报复。这样做的后果只会激化矛盾，两败俱伤。

5. 如果遭到欺凌，不要感到难堪或者只会哭泣，这会让欺凌者感觉自己的目的达到了。你可以对言语欺凌表现得毫不在意或根本不回应，那对方就会觉得沮丧。

6. 如果遇到网络上有人发侮辱你的信息、邮件等，可以保存证据后删除、拉黑对方。

7. 如果被欺凌，无论结果如何，都要告诉家长、老师或者其他可以信任的长辈。他们有能力对这件事做最好的处理。

关于校园欺凌这件事，我们不要让自己变成旁观者，更不要为了顺从压力而成为欺凌者。当同学受到欺负时，我们可以在不暴露自身的情况下将这件事匿名告知老师，或直接报警请警察处理。如果我们遭到校园欺凌，一定要寻求老师或家长的帮助，这样才不会让事情变得更糟。

拒绝校园黄色信息

明天就是周末了，安安一边收拾书包，一边心里盘算着去哪里玩儿。

这时后座的月月捅了捅她的后背，悄悄塞给她一张小纸条。安安打开一看,上面写着,明天下午2点,来我家,给你看个好东西。

安安心中暗笑，这个月月，直接跟我说不就行了吗，还写张纸条搞得神神秘秘的。一想反正自己也没什么事，就决定明天去找月月玩，看看她能搞出什么新花样。

第二天，安安准时来到了月月家。月月看到安安来了，还夸张地往她身后看了看，赶紧叫她进来，随手将房间的门关上了。安安一边笑月月神经兮兮，一边问着，怎么就她自己在家。原来月月的爸爸妈妈今天开车去了乡下，月月不想去，就留下看家了。

安安说："一看你这做贼心虚的样子，肯定有秘密，快说吧。"

月月一听有点不高兴："我才不是贼，我好心好意叫你来，你怎么还这么说。"

"好好，我错了，赶快告诉我吧，我承认你成功地引起了我的注意。"安安笑着打趣道。

“这还差不多。”月月说着，便动手从床铺底下抽出一本书：“给你，让你开开眼界。”

“不就是一本书嘛，让我看看都写了什么。”安安接过书，翻了几页忽然脸一红，把书合上就扔到一边。原来这是一本“黄色”小说！

安安虽然对这样的事不了解，可那书中的描写她也知道是些非常私密的事，这是一本淫秽书刊！

“李月月！你，你怎么能看这种书！”

“有什么大惊小怪的啊，也就你这个书呆子没看过，在咱们班这书都快传遍了，我好不容易借来，又趁今天把你叫来给你看看，你怎么不知好歹！”月月有点生气。

“月月，我非常确定这是不好的书，妈妈曾跟我说过，这样的书是淫秽物品。你也不许看，看了会学坏，我们主动把它交给老师，别让它再传下去了。”

“我才不要！”

两个好朋友就此起了矛盾，谁也无法说服谁。安安十分着急，不知道究竟应该怎么办。

淫秽物品，是指具体描绘性行为或者露骨宣扬色情的书刊、影片、录像带、录音带、图片及其他淫秽物品。

上面案例中提到的“黄色”书籍就属于淫秽物品。

我们国家的法律明令禁止制作、复制、出版、贩卖、传播淫秽物品。

我国《刑法》第三百六十四条明确规定：“传播淫秽的书刊、影片、音像、图片或者其他淫秽物品，情节严重的，处二年以下有期徒刑、拘役或者管制。组织播放淫秽的电影、录像等音像制品的，处三年以下有期徒刑、拘役或者管制，并处罚金；情节严重的，处三年以上十年以下有期徒刑，并处罚金。制作、复制淫秽的电影、录像等音像制品组织播放的，依照第二款的规定从重处罚。向不满十八周岁的未成年人传播淫秽物品的，从重处罚。”

为什么我们国家这样大力打击淫秽物品？因为淫秽物品对青少年的毒害不可谓不深。

青少年的身体和心理发育都不成熟，心思纯净。如果没有接受过系统的性教育，而是先接触到了淫秽物品，那么必然会形成错误的道德观念。再加上好奇心重，可能就会尝试模仿从淫秽物品中学到的场景，害人害己。比如有的男生会因为看了淫秽物品，受里面的场景刺激，而做出侵犯女生的事情。

为了防止淫秽物品对我们的侵害，我们需要知道一些常识。

首先，我们得明白淫秽物品的定义。

有关人体生理、医学知识的科学著作不是淫秽物品。包含有色情内容的有艺术价值的文学、艺术作品不视为淫秽物品。而包含露骨色情的书刊、光碟、图片、信息是淫秽物品。

其次，有关性教育的书刊、视频等不是淫秽物品。

性教育书刊等中会直接提到生殖器官的名字，精子、卵子、怀孕、性行为等。但那都是在客观地介绍，是为了让我们能够了解自己的身体、男女的区别，是为了让我们知道生命的由来。这些是我们需要了解的，也是对我们有益的知识。

最后，我们要正确处理这些物品。

如果我们发现了校园中有人传播淫秽物品，先不要声张，也不要劝导他人去交给老师，以免招致报复。但同时，我们也要做到不隐瞒，不传播。孩子可以私下和家长说说这件事，并和家长一起报告给老师。如果能够制止住有些人的刻意传播，那么就能减少这类负面信息对我们的影响。

第三章

日常生活中，如何提升自己的安全意识

了解性侵，预防为主

根据“女童保护基金会”发布的儿童受侵害的数据显示，2013年到2018年公开的儿童性侵案共有2096件。在遭遇性侵的受害人组成中，年龄最小的仅3岁。

其中，7～12岁儿童受到性侵害的比例占据26.8%，12～14岁儿童占据31.87%。也就是说无论孩子的年龄多大，都有可能成为性侵者的目标。遭遇性侵的人数中，女童的人数超过九成，达到95.74%。可见，女童是遭受性侵的主要对象。

被性侵的案例中，熟人作案的比例接近七成（66.25%）。学校（包含培训机构、托管中心）是作案占比最高的场所，其次是实施侵害的人的家中，或者是在受害人的家中。

由上面的数据，我们可以得出这样的结论：

1. 性侵案不是个例。在我们的生活中，遭遇性侵的孩子很多，只是我们不知道。

2. 实施性侵的人，大多是熟人。

3. 在儿童性侵的案例中，主要受到侵害的大多是女孩。

4. 学校、培训机构是遭遇性侵的高发场所，其次就是家里。

5. 性侵者不会嫌孩子年龄小，无论年龄多大，都有可能成为性侵者的目标。

所以，性侵离我们不遥远，坏人也许就在身边，我们必须要对“性侵害”这件事引起足够的重视。

性侵，包括强迫亲吻、性骚扰、性虐待等。作为家长，我们应该让孩子知道——无论是在公交车、电影院等公共场所，还是无人的场所，只要有以下行为，就属于性侵：

1. 脱下你的衣服或者裤子，摸你的胸部或者生殖器。

2. 让你摸他的胸部或者生殖器，或者让你看他的裸体或者隐私部位。

3. 给你看裸体的照片、视频或者电影。

4. 将他的生殖器或手或其他工具放到你的生殖器中、嘴中、肛门中。

遭遇性侵，会对女孩的身体和心理造成严重的伤害。

实施性侵犯的人可能会限制受害者的行动，比如抓住对方的双手、双腿，甚至用东西堵住受害者的口鼻。如果反抗还有可能遭到施暴者的殴打。

另外，性侵可能给女孩身体带来伤害。最严重的，有可能会威胁到生命。这样的案例有很多，浙江湖州曾有一名 5 岁的小女孩被人诱骗到偏僻的地方实施性侵后，惨遭杀害。

施暴者除了粗暴地限制受害者的活动外，还有可能用花言巧语哄骗孩子。比如，“这是你妈给你买的新裙子，你脱下衣服来试试”“给你 10 块钱让我摸摸你”“今天发生的事是我们之间的小秘密，你最乖，一定会保守这个秘密的，对吧”。

这样的性侵更令人难以防备，曾有一个儿童性教育的公益组织在幼儿园做过一个试验。一个陌生的实验人员来到幼儿园，以“试试新衣服”为理由，几乎让每个小朋友都主动地脱下了自己的衣服。

孩子的妈妈们十分惊讶，因为平时她们都教导过孩子不可以在陌生人面前暴露隐私，但只要换一种说法，小朋友们就轻易地相信了。假如她们遇到的是真正地想要对她们实施侵犯的人，那后果不堪设想。

不要觉得没有强迫就不是性侵。我们要知道：无论对方说什么，只要是对你实施了侵害你的行为，那就是性侵。在离开那个环境后，一定要立刻告诉爸爸妈妈。

除身体伤害外，性侵会给人带来焦虑、抑郁、创伤应激综合征等一系列心理症状，甚至对以后的生活产生心理阴影。

被强迫、被恐吓、被欺骗、身体遭到伤害等，都会让人在事后产生很大的情绪反应。有些人觉得羞耻，有些人觉得害怕，甚至连带着对某一类环境都有阴影。这样的情绪久久不能平复。

所以，我们要学会保护好自己，避免可能遭遇性侵的情形，而避免这些问题最好的方式，就是预防。

1. 提高警惕，不在任何地方和任何异性单独相处。无论是有人叫我们去家里玩还是出去玩，都不要跟异性单独相处。

2. 如果我们不得不和异性单独共处一室，也要找借口尽快逃离。

3. 如果我们已经受到侵害，切记不要再听信对方的任何威胁，也不要接受对方的任何好处，直接告诉家长或报警，让坏人受到应有的惩罚。

要知道，一旦有人勇敢地揭发坏人们做了什么，他们身体里的恶魔就会无处躲藏，坏人就会被警察带走，关进监狱。可如果我们默不作声，坏人的胆子就会越来越大，甚至还会一而再，再而三地伤害我们。

和父母闹矛盾时，要当面解决，不要离家出走

小莲是名6年级的学生，妈妈对她的要求也更加严格了，小莲觉得压力很大。

一次，学校进行了小测试，试题比较难，小莲勉强考了个及格。她拿到试卷的时候心里一沉，知道这次免不了又要挨妈妈一顿批评了。

果不其然，看到小莲的试卷，妈妈马上就变了脸色："你这到底是怎么回事啊？不仅不进步怎么还倒退了呢？你说这两道没见过的题目做错了，我也就不说啥了。这明明前两天刚学过的例题怎么还能错？我就说你一定要细心，一定要细心，你怎么就是不听呢？"

小莲低着头不吭声。妈妈一看更生气："每次一说你，你就不吭声，你这是心里不服气啊，你有理你就说啊，看你这样我就来气！"

小莲依旧低头不说话。

"你真是气死我了！这眼看明年就小升初了，再不抓紧可怎么办哪！就你这成绩，到了初中就更跟不上了，初中可是关键啊，

初中跟不上，高中就更别想了，以后考大学就更没戏了，到时候你说你咋办！”妈妈顿了顿，像是下了什么决心说道，“你不努力，妈妈逼着你也得努力，从明天起，所有的电子产品全部没收，所有的漫画书也都没收，每天回家再多练两套题！我就不信了，看看成绩能不能上得去！”

听到妈妈说这话，小莲猛地抬起头：“妈妈，你不能这样！”

“我就能，我怎么不能？什么时候你成绩上来了，什么时候再说！”妈妈说完，转身就走出了房间。

小莲的眼泪不争气地掉了下来，她觉得生活太难了，家里太压抑了，她不想待在家里，一刻也不想。于是她拿起了挎包冲出家门，头也不回地走了。

离家出走，常常是因为与家人产生矛盾而离开家的一种行为。离家出走常常发生在青少年身上。为什么会是青少年？因为青少年处在一个自我意识不断建立和不断想证明自己独立的阶段，这一阶段，他们会非常渴望证明自己。

在婴幼儿时期，孩子完全依赖于父母，自己没有独立的意识，更没有独立的能力。随着身体和心理的不断成长，到青春期的时候，孩子的自我意识就会越来越强烈。比如，表现为想要摆脱父母的“控制”，表现自己的特立独行，表现对规则的反抗等，这就是我们常说的“叛逆”。

叛逆是一种常见的发生在青少年时期的较为普遍的现象。叛逆的孩子多是因为他们觉得外界忽视了自己的独立存在，想通过一些出格的行为（比如打架、和父母对着干、离家出走）来引起外界的关注，从而确立自己的存在。所以，叛逆的孩子背后，往往会有一位忽视孩子内心需求的家长。

虽然叛逆与家长的教育不无关联，但那并不代表青少年可以为了确认“自我”而做一些出格的行为，因为这样做不仅解决不了任何问题，还可能会让自己陷入危险的境地。

首先，我们没有经济来源，无法独立生存。

我们国家法律明确规定，公司、企业等都不允许雇佣未成年人。所以，如果你还不满 16 周岁，没人会雇佣你，你赚不到钱就无法生存。

其次，我们会面临很多危险。

未成年人在身体和心理上的成熟度远不及成年人。这就给了那些成年人中的坏人以可乘之机，你可能遭遇的危险有：抢劫、被性侵、被拐卖、遇到意外事故等，每一项都足以对你的身心造成严重伤害，甚至可能丢掉性命。

让自己陷入危险的境地是最不明智的做法，没什么比你的生命安全更珍贵，所以，我们还是需要正视问题，和家人产生矛盾时要正面解决。

首先，我们要把态度放平缓。

激烈的情绪只会带来冲突和失控。没人能在激动的时候保持理智的思考。所以，不要变成被情绪控制的“疯子”。深呼吸和用凉水洗脸能让你快速冷静下来。

其次，我们要用温和的态度坚定地表明自己的感受和想法。

只用离家出走这种行动来对抗，是无能的表现，而能用语言清晰表达自己的感受和想法才是厉害的人。不要说“我说了他们也不懂”，你能说服他们才证明你有能力。而且如果你能说服你的家长，就是对“自我”最好的证明。连用语言都说服不了对方，还遑论什么“独立”？

最后，我们要增加自己独立的资本。

每个人都要最终离开父母独立生活，有独立的自我意识并不是坏事，关键是我们要有自己独立的资本。与父母对着干、离家出走只是任性的表现，成熟的心智和拥有安身立命的本领才是独立的资本。与其琢磨怎么和父母对着干，不如好好想想自己到底能有什么真本事。

故事的结局是小莲因为天黑，无处可去而自己又走回了家。

等她开开门，妈妈一把把她搂住，一边哭一边埋怨：“你到底上哪儿去了！？你都急死妈妈了！”小莲也抱着妈妈说：“妈妈，我想吃饭！”还是家里的饭最香，家里的床最舒服，下次再也不做这么傻的事了，小莲心想。

经过了这件事，妈妈也反思了自己的说话做事方式，她承认自己是太焦虑了，因为太担心小莲以后的学业，所以才会用了极端的方法。母女两个人重新沟通后，决定试一试分解目标的方法，帮助小莲一点点地进步。

小莲是幸运的，因为她有爱她的妈妈，同时也没有因为这次离家出走造成什么损伤，假如有个什么闪失，那必定会让自己终身悔恨。愿我们都能理智地面对家庭冲突，不为了一时赌气，将自己陷入危险的境地。

不尝试吸烟、喝酒

晶晶和小媛是在同一所学校就读的学生。暑假，晶晶到小媛的老家找她玩。在此期间，小媛的朋友们也经常来和她们一起聚会游玩。

因为晶晶几天后就要回自己家，小媛的一位男性朋友便邀请晶晶和小媛晚上一起吃饭，说是为晶晶送行。因为之前大家就比较熟悉了，所以两个女孩没有什么顾虑就赴约了。

当天一起吃饭的还有很多人，期间，那位姓韩的男生就提出大家一起喝酒助兴。未成年人本不应该喝酒，但是因为大家都在喝，所以晶晶和小媛也都喝了酒。没碰过酒精的两个女孩很快醉倒了，晶晶躺到了里面一间卧室休息。

就在这时，那位男生暴露出了真面目，他进到屋里性侵了晶晶。更可怕的是，当时晶晶醉得不省人事，根本无力反抗。男生居然跑出来，跟其他几个男生炫耀自己性侵晶晶的事。结果，这几个男生又轮番侵犯了晶晶。

直到第二天，晶晶酒醒了，这才向公安机关报了警。

乙醇，俗称酒精，日常的饮用酒中都含有不同比例的酒精。

首先，酒精是一种致癌物，长期饮酒对人的身体有严重伤害。大量研究表明，饮酒与人体多种癌症有明显联系，包括咽喉癌、食道癌、肝癌、乳腺癌等。当然不是说一喝酒就会得癌症，但酒精是诱发癌症的重要因素。

即便不是长期饮酒，当你喝下酒的时候，你的身体也会发生变化。而且，酒精会削弱大脑中枢神经系统的功能，使大脑的活动变得迟缓，还会对人的记忆力以及人体反射造成影响。这就是为什么喝酒的人禁止开车，而违法酒驾往往是造成交通事故的主要原因。

故事中的晶晶也是因为喝了酒造成神志不清，丧失了反抗能力。

除了酒，烟草对人同样有伤害。尼古丁是烟草的重要成分，它会使人上瘾或产生依赖性。

尼古丁会增加大脑多巴胺的分泌，使人产生愉悦感。人们会对这种感觉上瘾，而一旦成瘾就很难戒掉。但同时，这种上瘾可能是致命的。因为尼古丁也是一种高毒类物质，一支香烟中的尼古丁可以毒死一只小白鼠，大剂量的尼古丁可能会使人中毒、死亡。

除了尼古丁，香烟燃烧产生的烟雾中至少含有超过 2000 种有害成分，比如多环芳烃的苯并芘、苯并蒽，亚硝胺、镉、砷等，这些都具有致癌作用。

烟酒对于人的伤害，不仅体现在对身体本身造成的伤害，而且还有很多潜在危险。

日常生活中，有些场所常常提供烟酒，比如 KTV、酒吧、网吧、酒店等。而这样的场所常常是性侵犯罪的高发地。2019 年，《中国性侵司法案件大数据报告》中，通过对强奸案的分析发现：超过55%的被告人表示其为酒后作案。酒精前期会有兴奋作用，可能会刺激一些男性产生性冲动。而遭到性侵的往往都是女孩。

而且，酒水或者酒类饮料对于女孩是尤其危险的。

女孩天生的肌肉力量不如男性，这是生理因素决定的。除了专业锻炼或特殊职业（比如学过武术、跆拳道、女警察等），一般女性的力量都很难和男性抗衡。而酒精会麻痹人的神经，削弱人的行动力。一旦喝醉，那么就更会失去反抗能力甚至行动能力，这是非常危险的。如果你喝醉了酒，此时有坏人想要侵犯你，那么你将毫无还手之力。

因此，我们需要记住：

1. 不要因为好奇和模仿别人就尝试吸烟喝酒。不要受到环境或者周围人的影响就去尝试。抽烟喝酒一点也“不酷”，除了对身体的伤害和有可能让自己置身危险的境况外，没有任何好处。

2. 在任何情况下，都要拒绝他人给你的烟酒。你的身体你做主，坚定自己的立场。不要碍于面子不好意思拒绝，要知道你的安全才是最重要的。

3. 啤酒、红酒、黄酒、鸡尾酒、水果酒等各种酒类中都含有比例不等的酒精，所以如果有人说这不是酒，只是饮料时，也不要接受，只要含有酒精，都应一概拒绝。

坚决远离毒品

小雪本是一位初中生，因为对学习不感兴趣，她勉强上完初中后就出来打工了。在打工的地方，小雪结识了一些老乡。在老乡的一次聚会中，小雪认识了一位“飞哥”。

飞哥比小雪大不了几岁,但是却早就不上学了,在社会上“混”了许多年,显得十分老练成熟。飞哥对小雪挺照顾,常常请她吃饭,两人很快就混熟了。小雪十分感激这位大哥，对他十分敬重。在飞哥的劝说下，小雪也不再打工，而是辞了工作专门跟着飞哥混。

飞哥常带小雪去 KTV、网吧等场所，这对初入社会的小雪来说十分新鲜和刺激，于是，她越来越想和飞哥一起过这种吃喝玩乐的生活。

一次，飞哥悄悄拿给小雪一包白色的粉末，让她尝尝，保证快乐似神仙。出于对大哥的信任，小雪吸食了一口粉末，然后就一直感觉情绪激动，精神亢奋。原来这是冰毒！是毒品！而这个飞哥，正是贩卖毒品的毒贩！

小雪逐渐染上了毒瘾，她为了能够继续吸毒，便跟着飞哥一起开始贩毒。他们白天在出租屋里睡大觉，晚上就到网吧、歌舞厅等娱乐场所寻找“顾客”，趁机贩卖毒品。最终，小雪和飞哥的贩毒行为被公安机关掌握。

小雪因为接触毒品换来了毒瘾和牢狱之灾，如今后悔莫及，等待她的将是法律的严惩。

什么是毒品？毒品，一般指的是能让人上瘾的药物，包括鸦片、海洛因、冰毒、大麻、可卡因等。

毒品对人的身体和精神都会产生严重的危害。最危险的便是毒品的成瘾性。

以海洛因为例。人体内本身会分泌一种叫内源性阿片肽的物质，起到调节人类正常情绪和正常行动的作用。吸食了海洛因后，海洛因会抑制内源性阿片肽的生成，并且逐渐会替代内源性阿片肽。一旦停止使用海洛因，人就会控制不住地出现不安、焦虑、忽冷忽热、起鸡皮疙瘩、流泪、流涕、出汗等症状。只有再次吸食海洛因这些症状才会消失。所以就会形成恶性循环,对毒品上瘾。而长期吸毒会使人出现中毒症状，比如嗜睡、感觉迟钝、精神障碍等。

人吸食毒品上瘾后非常难以戒除，还会出现强烈渴求用药的欲望，这种欲望会驱使吸毒的人不顾一切地再次寻求和使用毒品，甚至不惜犯罪。

毒品不仅危害身体健康，还常常和贩毒、赌博、性犯罪等违法行为相关联。贩卖毒品的人可能就隐藏在一些特定的场所，比如网吧、KTV、歌舞厅等娱乐场所。而且，注射毒品还有可能感染一些血液疾病和传染病等。所以，为了安全起见，我们首先要远离这些高危险性的场所。

有的人可能会说，我去也没关系，我不会去买毒品的。

可有些时候，并不是我们不主动寻求毒品，就能完全避免接触到毒品。

首先，我们无法分辨毒品。

现在很多的毒品都会“伪装”，比如做成邮票、跳跳糖、奶茶、咖啡等，一般人根本无法辨别。

其次，很多时候，毒瘾是被动形成的。

我们无意中喝了别人递过来的饮料，抽了一根烟，其中就可能掺杂着毒品。一旦等你发现上瘾那就为时晚矣。而且吸食毒品会让人意识不清，有可能遇到性侵犯等伤害时无力反抗。

因此，我们需要建立拒绝毒品的安全意识。

第一，主动拒绝。

如果有人给你疑似毒品的东西，就一定要拒绝。比如引诱你说“尝尝这个，保证刺激”等。不要因为好奇或不好意思就接受，一定要坚决拒绝。

第二，避免被动吸食。

1. 拒绝他人提供的水、饮料等饮品。

2. 自己购买的饮品最好选择带封口的。

3. 离开桌子，再回来后，桌面的饮品不要再喝。

第三，不去高危场所。

不去酒吧、KTV 等娱乐场所，一方面这些场所中的人员鱼龙混杂，有可能会混入瘾君子；另一方面这类场所提供许多酒类和饮料类食品，可能有被动吸食毒品的风险。

因为毒品有使人上瘾的特性，人一旦接触、吸食，就有可能无法戒掉，成为毒品的“奴隶”，并有可能因此不惜违法犯罪。

因此，面对毒品，拒绝“试一试”，面对别人的邀约也一定要保持原则，为我们的生命健康负责，不给罪犯一丝机会。

公交车上遭遇咸猪手，不能忍

小冉是名刚上初中的女生。因为学校不在所住的小区附近，所以小冉每天都要自己坐公交车去上学。虽说小冉才十几岁，但她个子长得很高，看起来和成年人差不多。出于身高优势考虑，小冉也常常觉得自己已经是个大人，可以应对许多问题了。

刚开始独自坐公交车的时候，小冉牢记妈妈跟她说的安全常识，比如过马路看两边，等公共汽车停稳再上下车，如果在公交车上遇到了小偷或色狼，一定要懂得反抗，并且要向司机叔叔求救。小冉刚开始很紧张，但是坐了这么多次公交车，也没碰上什么小偷色狼，所以逐渐便对这件事放松了警惕。

一天，小冉又像往常一样坐公交车去上学，车上没有空位，小冉便抓住公交车上的扶手，站着听音乐。突然，她感觉一个人站在了她的左边。这时候，车厢通道里还有很多位置，可是那个人却紧挨着她，似乎都用身体触碰到她了。小冉下意识地往旁边挪了挪，但是过了一会儿那个人又靠近了小冉。小冉心里正纳闷，对方的一只手就摸到她屁股上了。

小冉一下子呆住了，她大脑里一片空白，她知道这就是妈妈告诉她的公交车上的“咸猪手”，这是性骚扰。妈妈还说如果遇到这样的咸猪手，一定要大声质问他干什么，然后说他刚才做的事都被监控拍下来了。如果可能，趁机再拿出手机拍下对方的样貌，告诉他要报警。

可此时，小冉已经完全呆住了，什么也没做，只觉得满心都是屈辱和委屈。等她反应过来时，那人已经下车了。

从此，小冉便对公交车有了阴影。

性骚扰，指的是一种不受欢迎的与性相关的行为。公交车上的咸猪手指的是随意触碰女孩胸部、大腿、臀部等身体部位的行为，是典型的性骚扰。

在公交汽车、地铁、火车等公共交通工具上遭遇性骚扰的人绝大部分是女性。很多人想找出实施性骚扰的人的特点并加以防范，但令人遗憾的是，实施性骚扰行为的群体太过广泛，他们有可能是青年人，有可能是中年人，甚至有可能是老年人。从外表看，实施此行为的人也是高矮胖瘦丑俊都有。

没有人将“性骚扰”的字样写在脸上，所以，我们从外表上也根本看不出来到底谁可能是伸出那只咸猪手的人。那么，我们如果遭遇到性骚扰，应该如何去应对呢？

首先，我们要做到不害怕，不害羞。

与其他行为不同，实施性骚扰尤其是在公交车上实施性骚扰的人，都喜欢寻找胆小怯懦的孩子下手。受害人表现得越害怕，越忍气吞声，对方就会越觉得受害人好欺负。所以，我们要明确这样一点——实施性骚扰的人都是坏人，他们的行为是不能见光的，是要被众人唾弃鄙视的。当自己遭遇这种情况时，一定不要不好意思，要大声呼救，因为他才是那个应该感到羞耻的人。

其次，当我们不确定对方是否有意触碰我们身体时，要立刻换个位置，看对方会不会跟上来。

如果是第一次感觉到被触碰身体，我们不确定是不是性骚扰，可以假装踩到对方的脚，或者借着车辆刹车的时候，趁机换一个位置。如果对方跟了过来，并继续触碰我们的身体，我们就要揪住他的衣服，请司机立刻停车报警。

最后，如果确定对方是性骚扰，那么不要犹豫，要大声呵斥。

大声呵斥的目的是引起更多人的注意，给实施性骚扰的人压力。因为这样偷偷摸摸骚扰别人的犯罪者，最怕的就是自己的长相和行为被曝光。

在公共场合或者公共交通工具上，人员通常比较密集，这时候大声呵斥对方“你干什么”“我警告你，你再摸我我就报警了”，肯定会引来许多人的目光。对方肯定会狡辩并逃跑，这时，你要做的就是拍下对方的相貌然后报警，并请警察调取车上的监控。

遇到性骚扰，我们最应该做到的就是“不要怕”，因为犯错的不是我们，而是在公共场合进行性骚扰的人。这时，无论我们大声呵斥也好，警告也好，报警也好，最重要的目的都是为了威慑对方，令对方停止这种行为。

记住，对那些伸出咸猪手的人，我们就不必再讲什么文明礼貌了。

不坐黑车，不搭陌生人便车

黑车，指的是那些非法运营的车辆。

正常我们见到的出租车属于运营车辆，是在交通部门办理了正规运营手续的、可以载客的车辆。而黑车则是没有办理任何相关手续，没有领取运营牌证的车辆。

黑车可能存在许多危险因素。

首先，黑车的司机资质无法确定，是否有过犯罪记录无法确定。

正规的运营车辆司机，比如出租车司机都是需要执有“从业资格证”的。从业资格证是符合相应条件的司机、经过统一考试取得的。这对司机的驾龄、年龄都是有严格要求的。对于有犯罪记录的人更是不允许其参加考试的。这就在很大程度上保障了司机的素质。如果我们平时乘坐出租车的时候留意一下就能发现在出租车副驾驶的位置有监督服务卡，上面有驾驶员照片、公司名称、监督举报电话等。

而黑车司机是没有这些资质和手续的。他们都是私自运营，车身没有明显标志、顶灯等，本身也没有从业资格。开黑车的人是否具有驾驶证、多少年驾龄、是否有过犯罪前科，这些我们都无从知晓，而这些都可能成为潜在的危险因素。

其次，黑车存在交通安全隐患。

2013年的时候，一辆面包车拉着10名学生返校，中途发生车祸，造成1死8伤。经过调查，该司机和车辆没有运营手续，是辆黑车。司机存在超载、超速的违法行为。

因为黑车司机和车辆没有受到严格监督，因此可能更容易存在不遵守交通规则，违规上路的情况，而这些都会对我们的生命安全造成威胁。

再次，乘坐黑车存在被性侵的风险。

近年来，因为女性独自乘坐黑车遭遇性侵的新闻屡见报端。

因为私家车不同于公共交通工具，是相对封闭的场合。而且乘客无法控制司机将车开向何处。一旦司机行至僻静处，并实施侵犯，那乘客很难呼救和逃脱。

最后，乘坐黑车遭遇危险后维权困难。

因为黑车没有办理相关的资质和手续，所以相关部门很难查询和监督。黑车如果私自从事运营工作，违反交通法规，那么出现交通事故也是无法获得赔偿的。再者黑车还存在伪造号牌的情况，这给举报维权带来困难。

黑车的诱惑在于价格低廉。比如我们从某车站回家，正常乘坐出租车需要 30 元，而黑车可能只需要 20 元或者更少。低价是黑车招揽客人的手段。甚至有些别有用心的司机会提出免费载客来吸引我们。

因此，为了我们的安全，如果需要出门乘车、打车时，不要贪图便宜，一定要乘坐正规的出租车或公共交通工具，不要乘坐无标志、无顶灯、无资质的黑车。

宾馆、试衣间、公共场所防止被偷拍

上大学的莹莹原本是名活泼爱笑的女生，但后来的遭遇让她脸上再也没有了笑容。

原来，几天前有一位朋友提醒她，在网上看到了一段视频，视频中似乎是莹莹遭到了别人的偷拍。莹莹赶紧上网去看，发现确实是自己被偷拍了。

莹莹想到，那是前几天的事。当时自己正在坐地铁，对面站着一位男士，那位男士在看了她几眼后就拿出了手机，看起来就像是在玩手机。莹莹也没多想，谁知道那个人当时竟然在偷拍！

那个男人站的角度正好是莹莹的正对面，拍摄的画面正对着莹莹的胸部。所以网上的偷拍视频也都是展示的莹莹的胸部，画面还被拉近放大，那天她还穿了一件领口开得比较大的衣服，所以从偷拍男的角度正好看到她上半部分的胸部。

此时这个视频已经被很多人浏览过了，而且还有人在下面发了一些恶俗的评论。莹莹看到后又羞愧又非常气愤。她当即找到了那个发布视频的人给他留言，质问他为什么偷拍，并且告知他要走法律途径告他。谁知竟换来对方的一顿辱骂。

最后莹莹无奈，在网上曝光了这个偷拍男，然后又向网络平台投诉，对方这才被封了号。可是，由于那个平台不需要实名制，所以偷拍男也并未受到法律制裁。

偷拍，是一种令人深恶痛绝的行为。

偷拍的人可能会运用手机、摄像机等带有拍照录像功能的设备将他人的隐私记录下来，然后转手发布或倒卖，从中谋取不正当利益。上面案例中的莹莹遇到的就是手机偷拍。

手机是现代人离不开的一种工具，而且几乎所有手机都带有拍照录像功能。这本是方便我们随时记录生活的，但有人却用这些功能来做一些低级龌龊之事，比如偷拍女孩子的隐私部位。

手机偷拍十分隐蔽，不易被察觉。比如案例中的莹莹，站在她前面的男人拿出手机，看起来就像是正常地玩手机一样，她根本想不到，手机的摄像头竟然对准的是自己的隐私部位。

有人可能会说，“手机拍照很好识别呀，屏幕显示得很明显啊，我们只需要看一下对方屏幕界面就能知道是不是被偷拍了。”

是的，正常情况下，我们使用手机拍照时，手机所停留的界面就是要拍照或录像的界面，拍的什么一看屏幕便知。这一点偷拍的人当然也清楚，因此就有人利用先进的软件工具，将偷拍时的屏幕伪装成一片漆黑，根本看不出来，而你又不能随意查看他人手机。所以对于偷拍，我们想要识别是非常困难的。

既然不好识别，那我们就从预防偷拍做起。

夏季是偷拍事件频发的季节。因为女孩子经常会穿着裙子、短裤、吊带装等清凉服装，因此可能更容易遭遇偷拍。所以外出，或者在公共场所需要注意以下几点。

首先，如果穿着裙子，那么在公交车站等地方注意双手背在身后压住裙摆。

其次，在超市购物时应拉着购物车走，而不是推着。这样在我们和购物车之间就形成了一个安全距离，如果有人想偷拍你的裙底也是无法靠近的。

再次，在电动扶梯上选择侧身站立，而不是只面向前方站立。

最后，我们可以在衣服里面穿着安全裤、安全内衣等来保护自己的隐私。

除了手机偷拍，还有一种防不胜防的偷拍方式——摄像机偷拍。

超微型摄像机又叫作针孔摄像头。因为镜头非常小，像针孔一般，所以被叫作针孔摄像头。针孔摄像头因为体积小，隐蔽性好，因此可以用在安全监控、公共场所监控等，或者用于调查取证，不易被对方发觉。但是也正因为针孔摄像头的这些优点，让一些别有用心的人发现了它其他的用途。比如，用于偷拍。

酒店的卧室、浴室、商场的试衣间、租住的房子等地方都是比较私密的地方，在这样的场所我们换衣服、洗澡、睡觉难免会有暴露隐私部位的时候。于是就有人在这样的地方偷偷装上了针孔摄像头，专门用于偷拍。

被偷拍的影像可能会被对方收集然后传播，侵犯我们的隐私，造成很大的舆论影响。因此对于这一类的偷拍，我们也要加以防范。

首先，我们要知道什么地方会被装上隐形摄像机。

针孔摄像机的伪装功能十分隐蔽，打火机、纸巾盒、沐浴液、插座、螺丝钉、路由器……这些常见的生活用品都有可能成为针孔摄像机的藏身之地。所以入住酒店时可以查看一番这些物品。

其次，我们可以用手机摄像功能排除一部分摄像头。

具体方法是，将房间的灯光、电视都关闭，窗帘拉紧，然后打开手机的摄像头，扫描有可能隐藏摄像头的位置。一般是高于床的位置都要扫描，上面提到的一些可能被用于隐藏摄像机的物品要重点扫描。假如手机屏幕中出现一个小红点，那么就有可能是有隐藏的摄像机，而后再做进一步的检查。

最后，我们可以使用强光手电筒照射扫描房间。

因为针孔摄像头的镜头都是反光的，如果遇到手电的光亮就会反射出小亮点，我们可以依据此方法来进行排除。

偷拍是一种违法犯罪行为。如果发现自己被偷拍的证据一定要及时报警。偷拍的人固然可恶，但很多时候我们却是没有办法识别和阻止的。因此，唯有我们自己做好各种防护，建立自我保护意识，将被偷拍的风险降低，才是我们在自己能力范围内应该做的事情。

晚上不外出，外出有人陪

小 A 是南方某大学经济相关专业的学生，她学习成绩优秀，经常到图书馆读书，晚上也会去操场跑步锻炼身体。小 A 的母亲在市场做小生意，对女儿的乖巧很欣慰。但是一场飞来横祸却降落在了这样一名青春少女身上，同时也将一个家庭毁得支离破碎。

2016 年 12 月的一个晚上，小 A 如往常一样，到操场上去夜跑，那条路她跑过很多次，所以即便路灯没那么明亮，她也没感觉不安。

可是等她跑到了一处昏暗的路段时，可能是累了，她想休息一下压压腿，就在这时，却被突然冲出的一名男子从背后抱住，男子用尖刀刺向了她的腹部，还残忍地割断了她的喉咙。

一个年轻的生命瞬间就这样消失了。

事情发生以后，所在地警方迅速展开调查，仅 12 小时就将犯罪嫌疑人抓获。被抓住的犯罪嫌疑人王某，36 岁。问及他杀害小 A 的原因时，他说是因为自己没钱吃饭了，想干点坏事被抓进派出所，这样就有饭吃了。

仅仅因为自己没钱吃饭，想被抓进派出所，然后就对一名年轻的女孩下手，残忍地杀害了她。多么荒唐的理由！多么无辜的死亡！多么可怕的自私！可就是有人这样做了。

这个世界上并不是每个人都是遵纪守法的，罪犯的思想并不是常人能理解的。我们不知道每个人的内心都藏着多少危险的念头，也没有办法改变他人，所以，我们能做的只是保护好自己，离危险远一点，再远一点。

晚上独自外出，就是一种危险的举动。

晚上光线昏暗，人们的视野受限，有可能无法及时发现危险。而且，白天热闹的地方，比如学校操场、稍微偏僻一些的马路、公园等地方，到了晚上都变得静悄悄的。没有人，就意味着如果我们遭遇危险，就没有目击者或者可以求救的对象。

比如晚上我们在一处公园散步，视野受限，可能发现不了隐藏在暗处的危险，如果遭遇到危险，因为晚上的公园很少有人，所以大声叫喊也有可能根本没人听到，受到帮助的可能性就比白天小，也因此，在夜晚僻静的地方危险系数就会更高。

也许有人会说，“发生被伤害的事件毕竟是少数”“我之前就在晚上出去玩，不也没事吗”，是的，这或许是因为我们幸运，但我们不能将幸运当成理所当然，我们可能出去了100次，99次都是幸运的，但只要有一次遇到危险，那可能就会造成无法挽回的伤害。而危险的发生常常是我们预料不到的。

网上曾有许多网友分享过自己在晚上出门遭遇危险的情况。有的人晚上下楼拿外卖，上楼时感觉有人尾随，假装打电话叫家人下来接自己才让尾随的人离去。有的人自己走夜路被抢走了挎包，还被暴打一顿。她们将自己的经历分享出来，目的是不希望有人重蹈覆辙。

我们不知道什么时候会出现危险，所以，为了减少不必要的危险，我们要主动远离危险系数高的地方。

首先，晚上不要独自外出。

如果有事情必须出去，一定要找大人做伴。更不能因为和家人赌气等原因在晚上跑出家门，将自己置于危险之中，记住，什么都没有你的安全重要。

其次，即便有同伴，也尽量不要去黑暗僻静的地方。

最后，如果遭遇危险，随机应变。

如果遇到抢劫，一定不要和对方对抗，钱财给他就好。如果可能的话，将包尽量扔向远一些的地方，自己转身跑向安全的地方。如果是被人跟踪，可以拿起手机拨打电话，表现出自己的家人或朋友就在附近的样子。

危险是我们无法预料的，遇到危险的情境也是形形色色的，我们没办法列举出所有危险的情况。所以，请牢记，我们要做的就是：第一，让自己避免进入危险的境地；第二，遇到危险冷静处理。

但愿我们每个人都是幸运的，不要遭遇危险。但是我们不能盲目相信幸运，还是要增强安全意识，提升应变能力来保护自己。

第四章

网络中，如何不陷入安全陷阱

任何情况下，不裸聊，不发自己的裸照

2019 年 1 月至 2021 年 2 月间，一个自称蒋某的男子虚构身份，谎称是某影视公司的代表，招聘童星。他在聊天软件上结识了 31 名女童（年龄在 10 ~ 13 岁），以检查身材比例和发育状况等为理由，诱骗她们在线拍摄和发送裸照。

不仅如此，蒋某还诱导这些女孩和他进行裸聊。他对这些发送裸照的女孩称，她们需要通过网络视频进行面试，他说什么，这些女孩做什么就可以。就这样，蒋某诱骗了多个女孩通过 QQ 视频聊天，裸体做出淫秽动作。

有些女孩意识到不对劲，想要找蒋某要回裸照，并且不再联系。但是蒋某居然以公开对方的裸照相威胁，逼迫女孩与其继续裸聊。为了满足自己的私欲，蒋某还将被害人的裸聊视频刻录留存。

原来这个蒋某根本就不是什么影视公司的代表，就是一个利用网络来引诱、猥亵女童的性罪犯。

后来蒋某被告上法庭，法庭认为，蒋某为满足淫欲，虚构身份，采取哄骗、引诱等手段，借助网络通信手段，诱使众多女童暴露身体隐私部位或做出淫秽动作，严重侵害了儿童的身心健康，其

行为已构成猥亵儿童罪，且属情节恶劣，应当依法从重处罚。依照《中华人民共和国刑法》第二百三十七条之规定，以猥亵儿童罪判处被告人蒋某有期徒刑十一年。

猥亵，指的是强制搂抱、抚摸对方的隐私部位、公开暴露生殖器官等行为。猥亵不仅包括直接接触被害人身体进行猥亵，也包括通过网络在虚拟空间内对被害人实施猥亵。在上面的案例中，那些被蒋某引诱或者胁迫拍裸照和裸聊的女孩，就是受到了网络猥亵。

猥亵是我们国家法律明文规定的犯罪行为，《中华人民共和国刑法》规定，“以暴力、胁迫或者其他方式强制猥亵他人或侮辱妇女的，处五年以下有期徒刑或者拘役；聚众或者在公共场所当众犯前款罪的，或者有其他恶劣情节的，处五年以上有期徒刑。猥亵儿童的，依照两款的规定从重处罚。”

猥亵，有可能是针对成年人，也有可能是针对儿童。猥亵儿童是我们国家严厉打击的犯罪行为。猥亵儿童罪，既包括主动对儿童实施猥亵，也包括迫使或诱骗儿童做出淫秽动作。

儿童是需要重点保护的对象，因为儿童年幼、社会经验少、心智不成熟、缺少自我防范意识，在面对猥亵时可能意识不到自己受到了侵犯。也有可能意识到了，但是鉴于实施猥亵的人是成年人，一旦受到威胁、恐吓、引诱，很容易被对方控制，难以逃脱。

上面案例中讲到的蒋某，就是利用一个虚假身份获得了众多女孩的信任，即便有些女孩意识到问题，不想再与蒋某联系，也因为被对方威胁恐吓而不得不继续任其摆布。

网络性侵害儿童犯罪是近几年出现的新型犯罪，不同于以往的猥亵行为，实施犯罪的人并没有直接接触儿童，而是利用了网络。这些犯罪分子利用了儿童的特点——单纯、经验少、防范意识弱等，对儿童施以诱惑甚至威胁，迫使他们发出裸照或与对方裸聊。而这些图片和视频都有可能被对方保存下来，被刻意传播，一旦扩散开来，后果不可预料，会给儿童带来严重的心理伤害。

正是基于此，我们才应当拒绝裸聊，并对网络上的猥亵行为提高警惕。具体来说，我们可以从以下几方面采取预防措施。

首先，不要随便添加陌生人的联系方式。

无论是 QQ、微信，还是其他社交联系方式，也不要轻易通过陌生人的好友申请。网络社交是复杂的，我们很难分辨屏幕另一端的人究竟是好是坏，一些善于伪装的坏人，很可能会借助于网络侵害我们的生命安全及财产安全。

其次，任何情况下都不要拍裸照、发裸照，也不要与别人视频裸聊。

我们不仅要对陌生人如此，对于自己的朋友，或者是正在交往的“男朋友”，也要如此，不发裸照，更不裸聊。无论对方出于何种目的、使用何种理由索要裸照，我们都要严词拒绝。因为一旦裸照到手，他们便会以名誉来威胁我们，逼我们做更可怕的事情。

最后，遇到此类情况，要及时与家长沟通或报警。

对于那些心怀不轨之人，只有法律才能管束他们。让警察来依法处理。

只有我们自己建立起防范意识，那些躲在网络里，想要猥亵我们的罪犯才会无从下手，最好的防范就是我们一定要守住底线，绝不放松。

打赏？打住

果果是一名10岁的小学生，爸爸为了让她学英语更方便，专门为她购买了一台平板电脑。

起初，果果只是用平板电脑来学习英语，可不知哪天，她下载了一个名叫“快点阅读”的软件。这是一个可以打赏的阅读软件，里面有很多写文章的写手，如果觉得哪个写手写得好，就可以给对方打赏。

果果被其中一个写手吸引，就直接按了那个红红的打赏按键，可她并不知道打赏是需要付出真正金钱的，也不知道她输入的数字代表的就是花出去的实实在在的金钱。

某天，爸爸偶然发现自己银行卡里的钱不翼而飞了，一番查找之下才发现，原来这些钱都被果果拿去打赏了一些写手。

爸爸翻看他们之间聊天的记录发现，最初，只有一个写手加了果果好友，等果果真的给那个写手打了几次钱后，其他的写手也陆续地加了果果好友。他们给果果发各种诱导性信息，比如“宝贝，我没钱了”“小富婆打钱，爱你呦”。果果就一次又一次地给他们打钱，最多的一次转了1万元钱。给这些写手打的钱，前前后后加起来一共有 14 万元。

爸爸搞清楚原委后，立即报了警，他自己也与软件平台进行了沟通，希望这笔钱能够物归原主。经过这件事后，果果也知道了自己的行为带来了大麻烦，表示自己再也不会这样做了。

为什么像果果这样的未成年人不能给自己喜欢的人打赏呢？因为只有 10 岁的果果还属于限制民事行为能力人，她只能进行与自己年龄、智力相适应的民事活动。这些活动都有哪些呢？像是买本书、买支笔，或是买些零食，这些都是与果果智力、年龄相适应的民事行为。

上面案例中果果为写手们打赏了 14 万元，显然已经超出了她的智力和认知范围，而且也与她的年龄不符，她既分辨不出对方的诱导性语言，也不知道这笔钱花出去会有怎样的代价与后果，所以这并不是她应该进行的民事行为活动。

我国法律规定，8 周岁以上的未成年人，或不能完全辨认自己行为的成年人，为限制民事行为能力人。限制民事行为能力人，实施民事法律行为由其法定代理人代理或者经其法定代理人同意、追认。

也就是说，上面案例中果果的这种行为是需要经过爸爸妈妈（法定代理人）同意或追认，才能生效的。果果私自给写手打赏这种行为，已经超出了限制民事行为能力人的能力，在法律上应该认定为无效的行为。

果果打赏用的是爸爸的银行卡，这是不能被认定的行为，那假如果果自己有钱，可以用自己的钱来打赏吗？

也不可以，无论钱款的来源是什么，打赏这种行为对于一个10岁的孩子来讲，也是与智力及年龄不相适应的，所以一定要在父母的监督和同意下进行才可以。

作为未成年人，我们缺乏足够的社会经验，网络安全意识也比较薄弱，常常会成为一些别有用心之人欺骗和伤害的目标。不只是上面案例中的果果，现实生活中还有许多孩子都给短视频主播打过赏，给游戏充过值，有的孩子给主播打赏了10万元，有的则给游戏充值了20万元。

这些钱中有的是家里多年的积蓄，有的是父母等着急用的钱款，甚至是治病手术的费用。而这些只顾着打赏的孩子，却并没有考虑这么多，他们缺少为自己的行为负责的能力，所以才会做出这样的事情来。

这样的事情屡见不鲜，与现在的网络平台监管不严有关，也与父母的监督教育有关，当然更多的原因还是出在我们自己身上。在面对这一问题时，我们不仅要提高警惕，而且还要坚决管住自己。

首先，我们要提高警惕。

一方面，我们要警惕各种打着“免费试玩”“免费体验”幌子的平台或游戏。很多时候，这些软件的使用是免费的，但其真正的目的是让我们花钱消费。另一方面，我们要警惕各种“打赏”“助力”“充值”环节，不要被任何的甜言蜜语和诱惑冲昏头脑，也不要被那些诱惑性内容所打动，一定要认清对方的真实目的，就是诱导我们充值消费。

其次，涉及输入密码或者人脸验证的环节就要及时停止。

一旦涉及这个环节，那一般就到了金钱交易的环节，如果输入密码或者人脸验证，那下一步钱款就会自动打给对方，所以，在出现“输入密码”要求时，我们要及时停止，进行“退出”操作。

最后，假如我们误入或者已经完成打赏消费，那一定要及早告知父母。

逃避没有用，隐瞒更不是办法。既然父母早晚都会发现钱款不见了这件事，那我们不如及时告诉父母，这样还有可能通过司法渠道及时收回损失的钱款，避免给家庭造成更大的损失。

诱导性网络弹窗和广告要谨慎

小美是一名初中生，人如其名，长相漂亮。虽然别人百般夸赞，但小美对自己的身材长相却还不是很满意。尤其是当她开始对异性有所关注以后，就更加觉得自己的外貌不够完美。

一次，小美正在计算机上搜索“如何能让皮肤变得更白”这个问题的时候，弹出了一个网页广告。那广告语简直说到小美心里去了：“一白遮百丑，一黑毁所有。女人一生一定要体验一次白白净净的感觉。”下面还有一个按钮：“想要变白就点这里，三天见效。”几乎没有犹豫，小美就直接点击了那个按钮。

接着就进入了一个整形医院的网页，里面展示着形形色色的医美项目。小美点开了美白项目，看着里面各种美白前后的对比照，小美也想尝试一下，可看到价格，小美又犹豫了，她并没有那么多钱。

后来几天，小美又在浏览网页的时候突然蹦出一条借款的广告，“无利息，高额度”立马吸引了小美。于是她拿着妈妈的身份证一步一步地填着注册信息，就在要成功的时候，卡在了最后一步，需要本人验证。

就在小美发愁的时候，妈妈回来了。原来妈妈接到了一连串的电话和短信，都是催她赶快完成借款注册的。妈妈觉得这里面有问题，而且联想到小美最近神秘兮兮的表现，连忙赶回家来，果然发现是小美在悄悄地操作借款。

互联网，是一种可以将计算机、手机等设备串联起来的巨大网络，现在已经是我们生活中必不可少的存在。我们视频聊天、看影视剧、打游戏、查信息查资料，都离不开互联网。这些是互联网给我们带来的好处,但同时,它也给我们带来了很多“坏东西”。

“垃圾广告”就是互联网中最为顽固的“坏东西”之一，各式各样的“垃圾广告”中充斥着虚假信息，极具欺骗性。一旦误信其内容，便很容易破财又遭灾。

常见的“垃圾广告”主要有以下几种。

第一种，带有性暗示的广告。这些广告通常选用比较暴露的美女图片或者动图，来吸引我们的目光，点击进去之后可能是网络游戏、保健药品、房地产广告或是赌博网站。

第二种，引导消费的广告。这些广告通常会以一些噱头来引导我们关注，比如丰胸广告、借款广告等，声称可以帮助我们解决各种各样的问题，一旦点击进去后，就会要求我们支付各种费用。

第三种，号称赚钱的广告。这些广告通常以能帮助我们赚钱为诱饵，吸引我们的点击，比如“看书能赚钱”“走路能赚钱”等内容的广告，当我们点击进去之后，便会被要求下载各种软件，一些软件可能还会将病毒植入我们的手机中。

在上面的案例中，小美遇到的就是第二种“引导消费的广告”，如果妈妈没有及早发现，小美便可能会被这些广告诱导消费。如果广告中的医美项目不正规，还可能会给小美造成生理及心理上的危害。

“垃圾广告”大多具有诱惑性，其给我们带来的危害和影响是巨大和深远的。

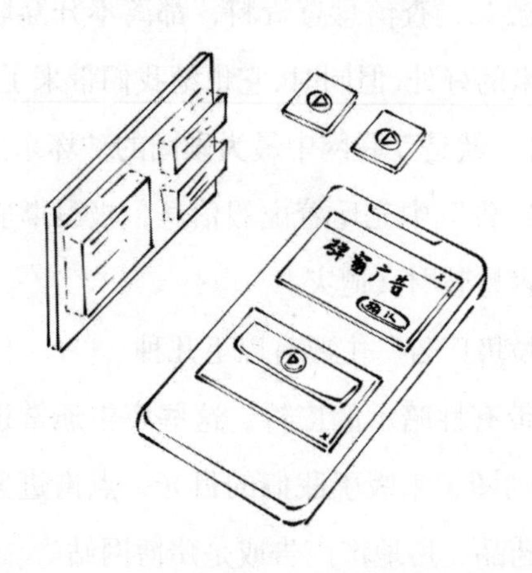

首先，“垃圾广告”会宣扬错误歪曲的价值观。

网络上的各类弹窗广告，往往使用很多美女、金币或者手持武器的人物等形象，传输的概念也是物品、金钱至上等。其向我们传输的都是像“赚钱最重要”“女孩就要身材好”等错误的价值观，久而久之会降低我们的品位与格调，让我们只懂得追求物质享乐和低级趣味，而不知道人生真正的追求是什么。

其次，“垃圾广告”会造成我们的个人信息泄露和财产损失。

诱导性的广告往往利用的是人们的猎奇心理或者是性好奇心

理，等我们点击进去后，往往是散播赌博、引诱下载或者游戏充值等界面。假如这时候我们继续被引导，一步步进行操作，那么很有可能在不知不觉中下载了带有病毒的软件或者进入了赌博界面。这时候如果我们还不及时退出，还抱有好奇心，想“试一试”的话，那么就极有可能会造成个人信息泄露或者是钱财损失。

最后，“垃圾广告”会引诱青少年做出不良行为。

据媒体报道，曾有一名初三的男生因为看了网络上的低俗游戏广告，受到了广告中暴露的女性形象诱惑，引起了性冲动，结果竟然跑去引诱、胁迫许多女生和其发生性关系。作为未成年人，思想意识正在逐步完善，很容易被这些“垃圾广告”所影响，做出不正确的行为。

网络已经成为我们生活中不可或缺的一部分，我们的学习生活都离不开网络。国家虽然正在大力整治互联网中的“垃圾广告”，但真正想要让它们不影响到我们，还是要靠我们自己做好防范。那么面对网络中形形色色的“垃圾广告”，我们应该如何防范和抵御呢？

一是要认清这些诱惑性广告的危险，不要因为好奇，就去主动点击查看，不落入“垃圾广告”的圈套之中。

二是做好计算机的防病毒工作。在浏览网页时，我们要选择绿色浏览器，以过滤掉那些垃圾广告，同时还要掌握一些计算机病毒防治的基本技能，不要随意接收、下载、安装陌生软件。

三是发现涉及黄色、淫秽、赌博、传播邪教、传播病毒的广告一律举报。在我们浏览的网页或网站中都可以找到“投诉举报”的按钮，如果发现垃圾广告，可以直接举报。

网络诈骗要警惕，熟人借钱要核实

小方最近比较郁闷，因为她被骗了。

今年3月份，小方在QQ上收到了同学小林的一条消息。小林一开始和小方打招呼，说好久不联系，然后过了一会儿，就请她帮自己转一笔钱。原因是自己的一个朋友生病了，急需用钱，他想转钱，但是微信限额了。

小方起先有点怀疑，还想跟他确认对方是什么朋友，自己认识不认识，但是小林非常着急，一个劲儿地跟她说快点快点，急等着用。小方一想自己只是倒一下手续，也没什么损失，于是便答应了。

不一会儿那头传过来一张转账截图，小方看了一下，确实是转到自己支付宝的截图。但是因为网络延迟，钱款在两个小时内才能到账。

小方一看对方已经把钱转过来，自己也打消了疑虑，便直接扫了小林给她的那个二维码将1000元钱转给了对方。

第二天，小方想起自己好像一直没收到到账提示，再一看支付宝，确实没收到这笔转账。她开始觉得不对劲，便从QQ上联系小林，结果无论小方发什么消息，对方都没有回应。小方开始从微信上联系小林，结果联系上以后，小林却说自己最近根本没有登录过QQ，更没向她借过钱。小方这才意识到自己遇到了骗子，赶紧报了警。

网络盗号诈骗的手段非常多，最常见的便是盗取一个人的账号密码后，向这个人的亲朋好友、联系人开始借钱。很多人在没有防范意识的情况下，根本不会怀疑有问题，就直接将钱打入了骗子的账户。骗子得到钱以后就会立马消失，等到被骗的人反应过来后再想找人便十分困难。

骗子盗取账号密码的方式并不复杂，用得最多的一种方式是植入病毒。比如，骗子会在网址链接、安装程序或邮件中植入木马病毒，并将其发给想要诈骗的目标，一旦目标使用手机或计算机，打开骗子发来的连接、程序或邮件，便会被骗子窃取走各种账号信息。

鉴于此，我们需要了解一些防范网络诈骗的基本方法，只有掌握了这些方法，我们才能更好地利用互联网来为自己服务，而不是将自己推向危险之中。

第一，不点击非法网站。

像是赌博网站、色情网站等都属于极度危险的网站，很多骗子会在这些网站中植入病毒，一旦我们进入这些网站浏览，骗子便会顺势侵入到我们的计算机中。

第二，不点击陌生人发来的邮件。

邮箱里收到陌生人发来的邮件不要轻易点开，因为可能暗含着病毒，在点开的同时就会自动在我们的计算机中安装木马，窃取我们的信息。

曾经就有不法分子潜入过一个大学生 QQ 群，然后群发邮件，邮件的标题是“妈妈的体检报告”，很多人因为好奇点了进去，结果计算机就被植入了木马病毒，导致很多人的 QQ 号和密码就被发邮件的人盗取了。

第三，不同的平台登录尽量不使用同样的账号、密码。

有些骗子还会使用“撞库”的方式来盗取账号和密码。比如我们有 3 个社交平台账号，注册使用的密码都是一样的，那么只要掌握了其中一个账号或密码，也就等于获得了其他社交平台的账号和密码。所以在不同的平台设置不同的账号和密码，也可以保护我们的信息安全。

第四，不要随便连接外面的不明 WIFI，不下载不明程序。

进入一个超市、饭店，假如需要用手机或者计算机，我们可能会想到搜索一下有没有免费的 WIFI，但其实这种做法是很危险的。假如我们连接的是不安全的网络，那我们的操作可能就会被对方完全看到。另外，下载不明安装程序，也会增加中病毒的风险，所以需要安装程序最好从官方网站下载。

第五，如果有人在网络上向你借钱，一定要核实。

小方在遇到老同学借钱时，开始也是有防范意识的，但是因为对方的催促和自己觉得不借钱就显得小气的心理，便没来得及核实就直接给对方付款了。为了避免此类情况再次发生，遇到有人在网络上向我们借钱时，一定要找本人核实一下，打电话、发短信给本人，只要经过核实，骗子的伎俩就不攻自破了。

在网络中，除了假借他人名义盗取他人信息来借钱这种情况，还有其他的网络诈骗行为也值得我们警惕。比如，网络上认识的朋友诱惑你进入赌博网站，诱惑你刷单赚钱等。最开始可能会给你一点回报、一点甜头，让你感觉真的可以挣到钱，等到你把钱全部投入的时候，就再也找不到对方的人了。

对待这类诈骗，只要我们遵守一个“不贪便宜”的原则，那么就不会给骗子可乘之机了。

不要在朋友圈暴露自己的信息

点点是一名初中生。爸爸妈妈离婚后，点点就跟着妈妈一起生活，妈妈是一个女强人，一心忙于工作。平常生活中点点和其他的这个年纪的女生一样，喜欢分享自己生活中的点点滴滴。比如今天和朋友去了新开的奶茶店，拍照发圈；今天妈妈生日，但是又出差，自己准备的礼物没能亲手送上……无论大事小事，点点都喜欢分享出去，她喜欢收到别人的关注和点赞。

但是点点最近总是莫名其妙地收到陌生人的“加好友”申请，还有的人，在申请中写一些露骨低俗的话，比如“小妞约吗？”刚开始点点只以为这是无聊的人的恶作剧，并没有理会。可是这样的骚扰越来越多，让她感觉有点不对劲。最近几天她甚至觉得有人在她上下学的路上跟踪她。

我们现在生活的世界，通信便利，网络发达，每个人都可以随时随地在微博、朋友圈等社交平台上分享自己的心情和经历。这本无可厚非，但是我们这些无心发布的信息，却有可能成为潜在的危险因素。

比如，发布的照片被人截取利用，自己和家人的生日信息暴露，或者自己的家庭状况被他人获取等。一旦这些信息被一些别有用心的人掌握，那我们就可能会因此而遇到骚扰、绑架、勒索、性侵、盗抢的危险。

这天放学，点点因为值日，所以没有和同学一起回家。等她走到自家门口时，突然一个人从背后挟持住她，让她开门进屋。点点一阵慌乱后，意识到自己遇到了坏人，她立刻冷静下来并悄悄按了手机的紧急报警键。然后她小心地与坏人周旋，告诉他家里的财物他都可以拿走。那个人将点点家值钱的东西都装起来后，又突然将点点按住，想要侵犯她。就在此时，门外响起了警笛声，原来是警察到了，匪徒急忙逃跑，却被抓了个正着。

事后点点得知，点点发在朋友圈的照片被人截取挂在了黄色网站上，所以才会有那么多人骚扰她。这个匪徒正是从非法网站上看到了点点的照片，而后又顺藤摸瓜了解到了点点的许多信息。当他发现点点家很有钱，而且她经常一个人在家时，便动了抢劫的念头。

个人信息的暴露会给我们带来各种各样的危险，因此，在日常生活中，我们一定要注意保护好自己及家人的隐私，尽量不要对外公开那些可能暴露自己隐私信息的照片或视频。具体来说，我们需要谨记以下几点注意事项。

第一，不要在朋友圈分享自己家人的清晰大图，也不要分享

自己的生日场景。

曾有人做过这样一个实验：一个年轻妈妈领着自己的女儿在外面吃饭，妈妈拍了自己和女儿的照片，并上传到朋友圈。接着妈妈去了洗手间，这时候一个陌生人凑了上来，她能够准确地说出小女孩的名字，还说自己是妈妈的大学同学，并掏出手机给小女孩看刚才她妈妈发的朋友圈，不一会这个小女孩就被陌生人哄骗走了。

我们的生活可能会被一些别有用心的人监视，我们随手发出的照片、视频等，都可能成为他人掌握的信息。所以少在朋友圈分享自己家人的信息，可以有效避免上述实验中出现的情况。

第二，不要分享自己家真实的图片，不分享自己的身份信息。

据报道，曾经有一位明星在自己的微博上分享了自家的两张照片，从照片中可以看出其居住的小区的大概状况。仅仅依据这两张照片，一位大学生只用了 20 分钟就在偌大的城市中定位出了这位明星所住小区的位置，而且经过实地考察，他还准确找到了明星家的具体位置。

这一事例告诉我们，一些随手分享的照片，我们觉得没有什么关键信息，但是在那些别有用心的人手中，便可能会成为充满信息的“线索”。他们会利用各种手段，轻松定位出我们的位置，如此一来，这些照片便让我们置身于危险之中。

第三，不要分享自己的上下学路线、学校地址等。

除了家人及自己的信息，我们的学校、上下学经过的路线、学校周围的店铺等，也是非常明显的信息，这些也都会暴露我们的位置。如果那些别有用心的人特意关注这些，便会找一些我们独处的时候，在上下学路上对我们进行侵害。

第四，外出不要晒车票。

假如我们在自己的社交平台上晒出了出门的车票、证件等，那同样会被那些别有用心的人利用。一方面这些内容可能会暴露我们的真实信息；另一方面发出这些内容就相当于告诉别人“我们都出门了，我们家没有人”，这无疑会让那些别有用心的人大为开心，因为他可以乘机潜入我们的家中盗窃。

收到人生中的一个贵重礼物，发到了朋友圈，本无可厚非，但如果那些别有用心的人看到我们家中拥有价值不菲的车子、房子时，便可能会将我们确定为“目标”。接下来，他们便会千方百计地搜寻我们的信息，并寻找机会进行绑架、敲诈、勒索等活动。

可能直到遇到危险的那一刻，我们都不知道自己早已被人监视，个人信息早已暴露。

当然，这些危险的发生都不是绝对的，我们可能永远不会遭遇一些被人利用泄露的信息实施伤害的事情，但也绝不能因此而掉以轻心。

在现实生活中，我们不能排除这些危险，不知道在无边无际的网络世界中隐藏着怎样的人，有没有人对自己抱有邪恶的念头。我们能做的就是保护好自己，避免自己的信息通过朋友圈等社交平台泄露出去，同时也避免自己成为被盯上的目标。

不和陌生网友见面

自从上了高中，黛黛就变得和以前不一样了。从前她有什么事情都喜欢和妈妈分享，可上了高中后，黛黛开始变得不爱说话了，但表面上看起来沉默寡言的黛黛，其实内心充满了波涛汹涌。

一方面，黛黛开始注意自己的外在形象了，她感觉自己长得不算漂亮，也不懂穿衣打扮，情商智商都不高；另一方面，班里已经有好多显现出“女人味”的女生，这令她感觉隐隐的自卑和羡慕。

但是这些事情她没有人可以诉说，爸爸妈妈每天就知道强调学习，根本不懂自己的心思，所以放学回家她也常将自己关在屋子里，看看小说，翻翻朋友圈，有时候还会偷偷浏览一些交友网站。

在进入青春期后，我们会发现身边的很多朋友都发生了变化，因为每个人的身体条件不同，每个人的变化也会有所不同。在这些方面，我们可能会觉得比不上别人，进而产生自卑心理，这其实是没必要的。因为随着时间的推移，我们也会慢慢发育成长，更何况，“女性之美”也并不完全由身材来决定。

黛黛多希望自己能成为像小公主一样的女生，被人围着转，而且有人懂她，呵护她，不在意她不够完美的外在形象。等啊等啊，那个人终于出现了。

在一个交友平台上，有一个人加了黛黛，几乎是在看见对方头像的时候，黛黛就通过了他的申请，因为那个男生长得很英俊。接下来那个人就开始和黛黛聊天，说头像是他本人，因为被黛黛的文字打动，所以加了黛黛的好友。一来二去，两个人聊了很多，黛黛觉得终于有人懂她了，还是在网上好，没人看到你的外貌，只单纯地和你交流。黛黛觉得自己就是遇到了对的那个人，对这个男人充满了越来越多的好奇和幻想。

过了一段时间，两人聊天的内容也变得越来越亲密，当对方提出要见面时，黛黛犹豫了，她将自己的担忧说了出来，但是对方表现得完全不在意。黛黛信以为真，便同意了见面。

网络世界充满了太多的虚幻，有的人用这种虚幻掩饰自己的缺陷，有的人则利用这种虚幻来欺骗他人。对于我们来说，互联网的世界是未知的，里面有好人，也有坏人，陌生人的突然关心，可能击中了我们内心最脆弱的地方，但即便如此，我们也要保持冷静与清醒，弄清楚对方的意图，不能跟着自己的感觉走，而不考虑后果。

对方将见面地点定在一家饭店的包间，黛黛和家人说是找朋友玩，然后就去赴约了。黛黛早早就到了，一心憧憬着和那个人见面的场景。一会儿，有一个男人推门进了包间，并向黛黛打招呼。

黛黛简直不敢相信，眼前这个人的年纪得有30多岁了，又矮又丑一笑还露出一口被烟熏黄的牙。这怎么能是网上那个潇洒英俊的人！那人见黛黛不信，便说出了一些只有他俩儿谈论过的话题。至此，黛黛才知道这就是那个天天让她沉迷幻想的男人！

黛黛不好意思承认自己是只看外表的人，于是坐下来一起和那人吃了饭，饭后那男子说想带黛黛去附近逛逛，黛黛硬着头皮还是去了。走到一处宾馆，那人忽然停住，说累了，想和黛黛上去休息一会儿，黛黛想要拒绝，却被那人拉住了手。正在此时，黛黛的爸爸忽然出现，一把推开了那人，并大声斥责。

原来爸爸妈妈早就识破了黛黛的谎言，只不过为了让女儿对网络上的幻想有所认识，才没马上戳破。爸爸暗中跟着女儿，直到刚才看到那人意图拉扯黛黛时，才站了出来。

经历了这一次网恋奔现，黛黛算是彻底对网络上的异性有了清醒的认知，再也不去做什么美好的幻想了。

黛黛的遭遇，在我们的生活中是屡见不鲜的。看看新闻报道就知道，有约见网友被骗到旅馆遭遇性侵的，有被拉到酒吧在酒水中放入药物的，甚至还有被拐卖的……黛黛算是幸运的，因为爸爸的保护，使她没有遭受进一步的侵害。

现在是互联网时代，只要愿意，我们每天都可以在网上认识一些陌生人。但是在享受这种便捷服务的同时，也会遭遇很多潜在的危险。其中最常见的一个，就是你根本无法真正了解与你聊天的人，现实中到底是个什么样的人。

一个挂着年轻英俊头像的人，背后可能是个猥琐丑陋的人；号称自己爱健身有八块腹肌的人，现实中可能是个满身赘肉的油腻大叔；说自己是海归富二代的人，没准正在为找工作发愁。当然，互联网上也有许多人展示的是自己的真实身份，他们也没有骗人或侵害他人的意图，但事实是，我们没有办法一一辨别，更没有办法一一求证。

网络是交流的平台，但似乎也可以成为每个人的“面具”。真实的自己可以躲在这个“面具”下，然后随意刻画出一个理想的、吸引人的形象，自称是本人。更重要的是，没人知道这个形象是真是假，他们就可以借着这个形象或吹擂，或哄骗，因为没人知道他们是谁。

所以，我们想要通过网络结交朋友，就一定要擦亮自己的双眼，提高警惕，这样才能让自己避免被欺骗、被伤害。一般来说，我们需要注意以下几方面问题。

第一，不要相信网友的头像和填写的资料。

在网络上，这些个人资料都是可以随意填写和更改的，没有什么参考价值。如果想要知道对方的真实样貌，可以通过视频（视频形象也可以通过美颜软件来美化）。但是知道对方的外貌意义也不大，因为即使知道了外貌也无法判断对方所说的职业、爱好、居住地等信息是否属实。

第二，警惕网友借钱。

网友的真实信息我们无法确定，那么如果对方提出借钱这样的要求，我们自然是不能答应。如果钱款借出，而对方消失，那这些钱是很难追回的。

第三，不要泄露太多的个人隐私信息。

在与陌生人聊天时，不要泄露太多的个人隐私信息，这些信息既可能成为对方牟利的工具，也可能成为他们威胁我们的把柄，所以在这方面我们要保持足够的警惕，泄露过多信息有可能会给自己带来不必要的麻烦和危险。

第四，不要轻易约见网友或者答应网友的邀约。

由于无法确定对方的真实身份，我们便不知道对方所言是否为真，当对方邀请我们在线下见面时，便可能会做出危害我们人身安全的事情。所以最好不要轻易约见网友，或答应网友的邀约，以免使自己陷入危险之中。

如果非要和网友见面，那请注意，不要答应与网友在僻静的地方或不安全的时间见面，譬如凌晨、夜晚。也不要单独与网友见面，最好是和朋友、家人一起去，而且要约在人多的场所见面。

第五，让父母知晓自己见网友的行为。

我们在网上寻找朋友，或者和网友见面，可能很多时候都不想让父母知道，因为觉得这样会遭到阻挠和责骂。是的，大部分的父母听到自己的女儿要去见网友都可能会阻止，但那是因为他们害怕我们遇到危险，即便我们说那个网友不是坏人，但这样的理由是无法说服父母的，他们不允许我们处在有安全隐患的环境中，只有他们才是最担心我们安危的人。

我们要做的不是反抗和赌气，可以带着朋友一起去，让父母放心，只有证明我们有安全意识、有应对措施，才能说服父母。要记住，父母永远是我们最可靠、最强大的“守护者”。

远离网络游戏，不屈服于诱惑

珊珊的父母最近在闹离婚。其实从珊珊记事起，爸爸妈妈就经常吵架，那时候珊珊还不太懂事，因此并没有把这些事放在心上，每天和同学疯玩才是她最乐意做的事。

随着青春期的到来，越来越懂事的珊珊开始关注父母的关系，也因此陷入了沮丧情绪中。升入初中，课业越来越难，回到家里还要面对爸爸妈妈的争吵，这让她觉得十分无助。

这种无助的痛苦让珊珊开始想办法逃避，渐渐地她开始喜欢上了网络游戏。在游戏中，她不再是那个家庭不和、学习成绩平平、被老师和同学忽视的小透明，她有炫酷的身份，有强大的技能，她还能选择扮演不同的角色，自己操控自己的“游戏人生”。

每当自己在游戏中扮演的角色获得成就，或是挣到了游戏金币，她就会觉得十分满足，内心有无比喜悦的成就感。

形成鲜明对比的是现实生活，妈妈每天都是一副苦大仇深的表情，看见珊珊玩游戏更是会怒吼：“这么大了，整天就知道玩游戏！”面对妈妈的指责，珊珊心中升起一种叛逆的情绪——“你不是不喜欢我玩游戏吗？那我偏要玩！”

渐渐地，珊珊花费在游戏上的时间越来越多，她爱上了那个虚拟的游戏世界，越来越不爱和现实中的人交流。在家中上网玩游戏受到妈妈的限制，她就偷偷跑到外面的网吧玩。妈妈不给她上网的钱，她就想方设法，先是骗妈妈说要买学习用具，后来发展到从家里偷钱，最后甚至想到了从网上贷款借钱。

幸运的是，在珊珊借网贷之前，妈妈终于发现了危险的苗头，通过和珊珊的沟通，也意识到了问题的严重性。从这天起，妈妈开始反思家庭氛围对女儿的影响，惭愧地承认是自己关心女儿太少。此后，妈妈尝试着和珊珊多沟通，又带着她去四处旅游，想尽一切办法帮她释放掉内心的压力，更是对她的学习成绩放宽要求，不给她太大的升学压力。

慢慢地，随着珊珊在现实生活中接触了更多的人和事，她开始一步步走出封闭与虚拟的网络游戏世界，她发现与网络游戏世界相比，还是现实世界更美好，也更有生机。

爱玩是人的天性，孩子尤其如此，由人为创造的网络游戏，更是抓住了人爱玩的天性。角色扮演类游戏、养成类游戏、冒险类游戏……各种网络游戏层出不穷，五花八门的游戏设定，紧张的情节，绚丽的画面和激动人心的音效，突然爆出的成就奖励……游戏让孩子的大脑不断接收到欢乐的信号，过了一关还想玩下一关……就这样，孩子沉迷于游戏而无法自拔就成为常态的事情了。

那么，游戏为什么会让人“上瘾”呢？这其实与游戏的设定有关系。一般游戏都是通过设定一个终极目标（例如打败大 boss）

以及规则，然后将终极目标分解成一些可以通过努力实现的小目标（例如小关卡），在实现目标的过程中不断给予反馈（经验值增加，获得金币、新的皮肤、装备等），使玩家一直保持主动性和积极性的一个循序渐进的过程。

人在进入游戏后，不断地通过关卡，获得成就感，获得现实世界中没有的“爽”的感觉，这些会刺激大脑，分泌使人兴奋快乐的物质，而这就是游戏使人沉浸其中的“法宝”。

然而，沉迷于游戏获得的快乐毕竟是短暂的，给青少年造成的伤害却是长久的。

首先是身体上的伤害。从脑科学的角度讲，现有研究证明，长期沉迷于电子游戏会导致处于发育中的大脑出现额叶缺血问题，进而影响大脑的发育，智力发育也会因此受到影响。从身体发育的角度讲，长期沉迷于网络，会导致久坐问题，也就是身体长久保持在一个姿态，缺乏锻炼，久而久之会使身体素质下降，眼睛、手部、颈肩等都会受到不同程度的损伤。

相较于身体上的损伤，更严重的是对青少年心理上的影响。

正处于懵懂时期的青少年，对现实生活中的很多事情都不能成熟看待，如果再沉迷于网络游戏中的刺激、新奇，受到网络游戏的影响，进而将网络游戏上的规则带入现实中，就会出现与现实格格不入的心理脱离，进而出现强大的挫败感，由此产生焦虑、抑郁等情绪。而且，沉迷于网络的孩子往往缺少现实世界中的人际交往，进而会影响他们正常地与人沟通的能力，小小年纪就满脑子不切实际的幻想，对现实生活变得无比冷漠。

而且，玩游戏还可能引发更多的危险情况，如去到鱼龙混杂的网吧，游戏交友被骗，个人信息泄露进而引来诈骗、网络攻击，为了游戏而过度消费，进而陷入金钱陷阱。

所以，对于青少年来讲，能不玩网络游戏最好不要玩，而如果一定要玩游戏，也应该遵循以下原则。

首先，在父母首肯下玩游戏。

就像我们之前说的，爱玩是人的天性，如果认为有趣，为了让自己的精神得以放松，在学习生活之余玩一玩游戏，相信所有父母都可以理解。所以，当孩子想要玩游戏时，可以大大方方地向父母提出请求，而父母也没有必要将孩子的请求一棍子打死，在监督的情况下，给予孩子适当的游戏时间，这其实是利大于弊的。

其次，远离网吧等鱼龙混杂的地方。

相较于在家中上网，网吧中有许多不可控的危险因素，尤其是那些没有监管，对未成年肆无忌惮敞开大门的“黑网吧”，孩子们更是应该远离。这些“黑网吧”不但上网的人鱼龙混杂，更有不安装过滤浏览器，传播色情、赌博信息的情况，而这对于孩子都是非常危险的存在。

最后，远离危险的诱惑。

因为青少年大多没有自己的经济来源，而玩起游戏来又往往没有自制力，所以经常出现在游戏中过度消费的情况，为了满足自己的消费欲望，于是就掉入了金钱陷阱。例如网络上就有不法分子利用青少年这个弱点，以“给我张裸照我就给你买皮肤”等为诱惑，引诱一些女孩出卖自己的隐私。

对于这种情况，孩子一定要及时告知父母，不要一时冲动，答应对方的要求。因为你不知道你付出的是什么样的代价。你的裸照和隐私部位的照片可能会疯狂流传在网络的黑暗角落里，让你曝光在一双双贪婪的眼睛中，毫无隐私和尊严可言，而这些都是你难以承受的。

青少年一定要牢记，网络游戏虽然好玩，但那并不是真实的生活，沉溺其中只是对现实的一种逃避，而且会让我们对生活中的其他美好事物失去兴趣。

遭遇网络欺凌怎么办

梅梅是名体重有些超重的女生，在学校时，有同班同学因此给梅梅起外号，用“肥婆”“肥猪”这样恶劣的外号嘲笑她，梅梅因此感到很受伤，久而久之更变得十分自卑，也不愿意主动与人交往。因为在学校里交不到朋友，梅梅于是便开始在网络中寻找。

而每当到了网上，梅梅就会感觉非常自在，因为这里没人知道她的真实相貌，也就不会有人因为相貌而欺负她。

这一天，一个有着帅气头像的男生请求加梅梅为好友。因为这是一个完全陌生的人，梅梅起初有些犹豫，但是对方一直坚持不懈地请求，并且称赞她的头像很漂亮，这些赞美正是梅梅心里最渴望的。

梅梅的网络头像是她最喜欢的一张侧脸照，照片上的她有一种忧郁的感觉，显得既文静又高贵。这还是第一次有异性夸自己漂亮，梅梅想，或许这是一个与众不同的人吧，于是便通过了对方的好友申请。

接下来，在两个人互相聊天了解的过程中，这个男生表现得十分善解人意，而且言语之间总是流露出对梅梅的欣赏。有一天他向梅梅表白了，他说他喜欢梅梅，希望梅梅答应做他的女朋友。

梅梅感觉很害羞，但是同时内心也悄悄地有点喜欢对方了，于是便答应下来。此后两人就开始在网上“老公”“老婆”地互相称呼着，梅梅感觉自己从来没有这么幸福过。

但是，美梦很快变成了噩梦。在梅梅学校的交流圈里，忽然有人上传了梅梅和这个男生的聊天记录，包括两个人谈论的一些隐私话题，一些亲密称呼等。

很快，各种嘲笑像巨浪一样向着梅梅涌来。“真不要脸”“就你长那样还好意思让别人叫你小甜甜？”“跟一头猪谈恋爱是什么感觉？”

当梅梅得知这些时，她真是又震惊又愤怒，但同时又很疑惑，她连忙去问那个男生，结果对方直接发过来一个视频。接过视频梅梅才看到，这哪是什么喜欢自己的帅哥，这就是那个在学校给自己起外号的同班同学！

原来，这个同学平时就喜欢捉弄人，尤其喜欢捉弄弱小的同学，这一次，她不知道从哪里弄来了梅梅的社交账号，于是便给自己注册了一个新的账号，起了个男生的名字，头像、资料也全是男生的。她为自己设置的资料很优秀，头像很帅气，然后就开始接近梅梅……

梅梅感觉到了巨大的羞辱，她觉得自己就像是被扒光了衣服站在大街上一样，她失去了所有的尊严。她在学校被嘲笑，她只是想从网络上寻找一点安慰，可是她却又一次被人欺辱了。梅梅感觉自己完全没有了生活的希望。

网络欺凌又叫网上欺凌，指的是利用社交媒体、游戏平台等互联网平台或通过移动互联网渠道，对他人进行恐吓、激怒、羞辱的行为。

在青少年成长的过程中，网络欺凌事件时常发生，最原始的有利用短信、邮件等发送歧视性、侮辱性的语言；比较新的有在社交媒体上散播他人的不实言论或者发布被刻意丑化的照片；更恶劣的还有冒用他人名义发送恶意信息，在网络上孤立、诋毁他人；而最严重的就莫过于“人肉”搜索，曝光他人的真实信息，如家庭住址、就读学校等。

在上面的案例中，梅梅遭遇的就是被他人在社交媒体上恶意构陷，隐私被散布，而后果就是梅梅的精神世界受到了严重的打击。

类似于梅梅的遭遇，在我们现实生活中并不少见。

有这样一个典型案例，某学校的两名同班同学宋某和王某，在两人发生了一些小矛盾后，宋某便开始在朋友圈、学校的贴吧等网络平台传播王某的隐私，并谩骂王某。很多不明真相的人还有跟帖辱骂。在经受将近一年的网络欺凌后，王某终于因为不堪压力而陷入抑郁情绪中。由此可见，网络欺凌对于未成年人可以造成巨大的伤害，最严重的甚至可能造成付出生命的悲剧。

那么，为什么网络欺凌在青少年中如此多见呢？主要原因如下：

1. 青少年处于心智发展阶段，一些人在实施网络欺凌时，可能并没意识到这样做会有什么后果，或者意识不到这是“欺凌”，可能以为只有现实中的殴打、辱骂他人才算欺凌。

2. 有人觉得在网络上发布言论是个人的自由，而且这一切只是发生在一个虚拟的空间，隔着屏幕和网线，即便自己说了什么过分的话，别人也不能把自己怎么样。于是更有恃无恐，欺凌起他人来会比现实生活中更加肆无忌惮。

那么，面对如此严重的网络欺凌，我们应该怎么做呢？自己默默承受？怼回去？以暴制暴？这些可能会伤害自己或他人的做法都是不值得提倡的。我们应该冷静下来，寻找理智的解决方法。

第一，调整好心态，尽量不受那些负面言论的影响。

在网络上，很多人都会肆无忌惮地发泄自己的情绪，他们全然不理会正常人应有的道德和逻辑，因此，对于这种明显不讲理的人，我们应该做到不与之纠缠，更不要试图与这样的人讲理。我们可以将这样的人看成是恼人的“苍蝇蚊子”，不能因为“苍蝇蚊子”围着我们嗡嗡飞,我们就被他们影响,而放弃了正常的生活。俗话说眼不见为净,对于网络上的欺凌,我们还真的要做到不去看、不去想。

第二，应该保存证据，以便日后维权。

我们可以将遭受欺凌的对话、评论都保存起来，如果发现对方已经侵害到了我们的名誉权、隐私权，我们可以选择报警，诉诸法律，让法律去教训这些肆无忌惮的攻击者。

第三，求助家长、长辈或老师等。

如果我们发现网络欺凌超出我们的处理范围，可以选择向长辈倾诉。一方面家长可以告知相关的网络平台，让对方采取监管措施；另一方面可以从父母长辈那里获得心理上的帮助，避免我们独自承受压力。

未成年人因为自身心理特点的原因，对于很多的是非问题并不明确，可能对别人实施了网络欺凌或者成为网络欺凌的被害者时也并不自知。这就要求我们对自己的行为有更明确的认知，不去做伤害他人的事，同时被伤害了也不要忍气吞声。

第五章

正确应对青春期的异性交往

青春期来了

“妈妈,快来呀妈妈,我流血了！”夏夏在厕所里带着哭腔大喊。

妈妈听到后赶快跑到了厕所。只见夏夏正不知所措地拿着一张卫生纸，上面粘着一片血迹，夏夏脸上挂着泪珠，满眼惊恐。

“没事的，闺女，你只是来月经啦！等着妈妈去给你拿干净的内裤和卫生巾。”妈妈一边安慰着夏夏，一边找来干净的内裤和卫生巾。等到夏夏换上了内裤和卫生巾，妈妈给夏夏倒了一杯热水，然后和夏夏聊了起来。

“这个啊，就是你之前问妈妈的‘为什么会流血’的那件事，你还记得吗？”

“嗯。”此时夏夏已经冷静了一些。

“妈妈当时和你说了一些，现在妈妈再正式和你说说这件事。这叫作月经，女孩子来月经就代表她是一个大女孩啦，身体慢慢地在变成熟。”

“我虽然知道这件事,可是,可是好可怕啊,我不想要变成熟！”

“那妈妈问你，你会不会想要做一个永远躺在床上只会哇哇哭闹的小宝宝？”妈妈问夏夏。

“不要。”夏夏回答。

“所以，人要长大呀。这是正常的现象，是自然规律呀。夏夏从一个只会躺着哇哇哭闹的小宝宝变得会走路、会说话、会吃饭，再到上幼儿园，上小学，个子不断长高，头脑也越来越聪明，这些都是自然规律呀。”妈妈停顿了一下，“来月经是女孩子又长大一步的标志，每个女孩子都会在青春期来月经，如果一直没来，那反倒坏事了呢。”

“那怎么是坏事了呢？”夏夏不理解。

“那可能说明身体出了什么状况，不能正常地出现月经。假如一个小孩子到了3岁还不会走路，不会说话，可能是身体出现了什么问题，是需要看医生的。你现在12岁，正是来月经的年纪，这证明你的身体发育很正常，这是值得庆贺的事呀。”

听到这里，夏夏稍稍松了口气。

接下来妈妈就月经的产生原理，经期的注意事项和夏夏简单地说了一下。妈妈还重点说道，来月经就代表女孩子可能拥有了生育能力，如果这时候和异性发生性行为有可能会怀孕。因此，需要特别注意和异性交往的尺度。

青春期，是人体生长发育的第二个高峰期，女孩进入青春期的主要标志便是第一次出现月经。世界卫生组织（WHO）规定青春期为10～19岁。但是也存在比较大的个体差异，有的孩子青春期开始得早，有的开始得晚，有些早熟的孩子七八岁就进入了青春期，这都是正常的。

青春期是个人身心变化最为迅速而明显的时期。对于女孩子来讲，大概在 8 ~ 10 岁的时候，身体开始发育。这个身体发育不单单指的是身高变高，还有许多的身体特征开始涌现。比如乳房开始发育变大，皮肤变得细嫩，嗓音细高等。

对于身体出现的一系列巨变，会令很多人不知所措，甚至出现困扰。面对青春期出现的变化，我们应该怎么面对呢？

首先，对于身体出现的变化不要有心理负担，这是身体的正常发育，是身体健康的表现。

其次，多了解一些生理卫生的知识。

可以购买正规的性教育书籍学习，也可以向父母询问（不要不好意思，父母也想要和你谈论这些问题，只是有时候不知如何开口）。但是不要选择从错误的渠道获取性知识，不要阅读淫秽书刊、浏览黄色网站等。这些对于增加你正确、正面的性知识毫无益处，甚至还会给你留下错误的观念或者陷入危险。

除了身体上的变化，此时的心理状态也不同于之前的儿童时期。

青春期前，我们内心的依赖主要源于家庭。我们信赖父母，和妈妈无话不谈。青春期我们的注意力会逐渐转向朋友，而且对异性的关注度也会上升。所以进入青春期的孩子可能会出现想要和异性交往的意愿，这是正常现象。

但是，我们也要因此开始注意一些和异性交往的规范。

首先，我们要明白女孩和男孩的身体构造的区别，并尊重对方。

从生理上来讲，男生和女生拥有不同的身体构造。

我们直接能够观察到的不同，比如女孩拥有耸起的乳房，男孩却胸部一片平坦；男生拥有喉结、浓密的腿毛、胡须等，而女生却没有。这些都是一些明显的区别，是因为青春期身体分泌的性激素带来的变化。在我们看不到的部位和身体内部，男生和女生的差异更明显。比如，男生拥有男性生殖器官，而女生拥有女性生殖器官。

生理上的不同是与生俱来的，没有高低贵贱，也没有什么统一标准。同时，我们可能会对自己或异性的身体产生好奇。这些器官具体长什么样？都有什么作用？男女不同的特征什么时候会显现？

如果对于身体上的差异有疑问，我们可以通过专业的书籍来了解（比如性教育手册等），不要因为好奇而从错误的渠道了解（比如同学间的秘密谈话、淫秽书刊等）。

其次，和异性交往，注意尊重他人的隐私和保护自己的隐私。

隐私包括身体隐私、信息隐私等。即便两个人是亲密的朋友，也是要相互尊重隐私的，隐私权是每个人生来就有的权利。隐私权的意思是，我的身体不可侵犯，我的信息不可侵犯。

最后，注意和异性交往的尺度。

因为青春期受到身体内部激素的影响，身体逐渐发育，心理会趋向寻求和异性的交往。有一些孩子因为缺乏完善的性知识等原因，可能就会在这一时期做出一些不合时宜的行为。比如对自己的欲望不加控制，想和异性交往就交往；对因性激素的分泌而产生的性冲动也不加抑制，转而寻求一些性刺激（比如观看淫秽刊物、色情图片等），甚至想要和异性发生性行为。

这些都是一些过度的、会产生有害后果的行为。这些行为可能会给我们的身心带来严重的伤害，女孩子在这一方面可能会承受更多的伤害，比如可能会怀孕、感染性病、遭遇更多的舆论压力等。

青春期是一个多变的时期，我们拥有了更多的想法，自我意识也越来越强，身体也在不断产生着变化，逐渐发育成熟。青春期也是一个多彩的时期，我们可以交到更多的朋友，学习更多的知识，见识到不同性别的人之间的差异。在这个多变又多彩的时期，需要我们用正确的知识和认知来让自己拨开迷雾，踏对两性交往与个人安全的每一步。

你以为的“爱”，可能只是性侵的谎言

《房思琪的初恋乐园》是台湾女作家林奕含写的一本长篇小说。小说讲述了一位名叫房思琪的少女的故事。

房思琪是一位13岁的少女，她家境优渥，长相甜美，而且极具文学才华。如果没有那个下午，她会一直无忧无虑地成长，拥有自己的美好生活吧。但是一切都定格在那个下午——那天，房思琪去了补习老师李国华的家里，李国华是当地著名的语文老师，他长相英俊，饱读诗书，是房思琪崇拜的偶像。但就是这个偶像，这个和蔼可亲的师长，却在自己家中性侵了房思琪。

房思琪对此的感受是屈辱，是恐惧，是不理解，她知道她的内心是抗拒的。但是，这位李老师却说他“爱”房思琪，他对房思琪的侵犯是“爱”的表现。这让房思琪感到纠结、疑惑、痛苦。她尝试着向父母讲述自己的遭遇，只不过主角换成了别人，但父母听到一个女学生和她的老师发生性关系，第一反应是这个女生勾引了老师，而不是老师有什么问题。

房思琪感到了失望和无助。她为了使自己好受一些，便开始让自己也相信，这就是老师对自己的“爱”，自己不是勾引老师的

坏女孩，老师也不是衣冠楚楚的禽兽。只有相信他们之间是出于爱的原因，这一切才让人不那么难以接受。

但是，人是没有办法欺骗自己的内心的，终于，房思琪在老师一次次的性侵后，这种无法承受的屈辱使她崩溃。她疯了，最终住进了精神病院。

这是一本改编自真实故事的小说。

小说的作者林奕含，于 2017 年 4 月 27 日，在自己的住处上吊自杀。

之后林奕含的父母发布声明，证实这本书中所写的房思琪的故事正是自己女儿 13 岁时发生在补习班，被老师诱奸的真实故事。

林奕含的故事是一个令人震惊、叹息的悲剧。在 13 岁懵懂的青春期，在对比自己优秀强大的男性产生崇拜和爱慕的年纪，她遭遇了最黑暗的一个下午。

那个侵犯她的男人是有备而来的，他深知这样年轻女孩子的心思，他知道处于这个年纪的女孩子正是对爱情向往的年纪。他也知道自己看起来温文尔雅的气质，自己充满文学气息的谈吐是吸引女孩的利器。还有他那精心布置的书架，他那四处搜罗的书籍，都是他用来装点自己的道具。

果不其然，一个叫房思琪的女孩被他吸引了。这个女孩单纯、长相美丽，关键是喜欢文学。这不是正好给了他机会吗？他那被文质彬彬的外表包裹着的一颗猥琐肮脏的心灵，对这个女孩动了歪心思，终于在一个下午，房思琪单独来找他请教文学问题的时候，他对着这个女孩露出了魔鬼的爪牙。

但是事后他还要维持他为人师表的形象，于是他哄骗房思琪，他这是“爱”她。那个女孩真单纯啊，她没经历过和异性谈恋爱，她不确定这是“爱”的方式。但是从那天下午之后，她强迫自己接受，这就是“爱”。从此她再也没有机会体会正常的爱情，再也领略不到爱情的真正美好和快乐，她有的只是纠结和痛苦，最终这种痛苦逼疯了她。

真正的爱是什么？或许没人能够下一个准确的定义。爱一个人可以有很多的表现方式，但是，侵犯对方，逼迫对方，这绝对不是“爱”。

所以，我们一定要警惕所谓的“爱”，尤其是年长异性的“爱”。在与异性的交往中，我们一定要识别出那些打着“爱”的名义却是伤害我们的事情。比如，一个真正爱你的人，是不会给你发色情信息、黄色图片的，也不会在你不情愿的情况下，引诱和逼迫你与他发生关系。那些说“你爱我就要证明”的人，根本不是爱我们，他只是想通过我们，来满足他自己可悲又可恨的欲望。

真正的爱是一种精神上的交流，是两个人一起面对生活和学习中的烦恼，一起憧憬着美好的未来。在青涩的年纪，轻轻嗅一嗅青春这棵树上开出的美丽花朵的芬芳，而不是做一些让我们恐慌、羞愧的事情。

现实中的林奕含自杀了，但是那位“李老师”却还活得逍遥自在。所以，我们一定要提高自身安全意识，任何情况下不与异性独处；分清“爱情”和“欲望”的区别，捍卫自己的身体隐私。但愿这世上的女孩都能认清坏人的真面目，不要让“房思琪”的悲剧重演。

必须了解的避孕知识

小雨和男友是在网络上认识的，认识半年后，两人见面。第一次见面，男友对她特别热情，照顾得特别周到，甜言蜜语说个不停。小雨感觉自己遇到了真爱，好幸福。所以，在男友提出要带她去宾馆的时候，小雨虽然觉得不妥，但又想证明自己也很爱对方，便点了头。

在宾馆，小雨和男友发生了性行为，而且没有采取任何避孕措施。一个月后，因为迟迟不来月经，小雨心中有了不祥的感觉。到了医院一检查，小雨果然怀孕了。

小雨第一反应就是害怕和无助。而一旁的男友听到这个消息后却在怀疑小雨是不是有别的男友。小雨气愤震惊的同时，也百口莫辩。幸亏医生推算了怀孕的日期，男友才承认是因为自己没有采取避孕措施才造成了小雨的怀孕。

因为两个人都是未成年人，都还在上学，所以肯定不能生孩子，因此小雨要做流产手术。做手术需要家长签字，两个人都不敢叫家长，最后是男友找了一个远房亲戚来签了手术同意书。

做完手术的小雨腹部疼痛，虚弱无力，躺在医院走廊里的长椅上休息。而一旁的男友却不耐烦地走来走去，催促她什么时候可以起来，赶紧回家。小雨心灰意冷，身体和心里一样的疼痛。然而这种疼痛没有人能替代她，这是自己种下的苦果，只能自己咽下去。

处于青春期的男生女生虽然身体已经开始发育，可能会有发生性行为的冲动，但是还未到法定的婚育年龄，对于性行为知之甚少。一旦发生性行为，对于女孩来讲就可能面对一个重要的问题——怀孕。

人的生命之初，便是由父亲的精子和母亲的卵子结合开始的。男性的精子进入女性的生殖器官，到达输卵管，和女性体内卵子结合成受精卵，此时女性就是怀孕了。受精卵会在女性的子宫内继续发育，大约经历 10 个月，就会长成一个成熟的胎儿，通过分娩降生到这个世界，一个小宝宝就出生了。

这是人类繁衍后代的方式，和自然界中的绝大多数哺乳动物一样，都是采用这种繁衍方式孕育下一代。

青春期，我们身体内部的生殖器官开始逐渐成熟，男生开始产生精子，而女生开始产生卵子。这就代表此时的男生女生也有了孕育下一代的能力。

但是请注意！这个能力仅是指身体开始有了这个条件，不代表这个条件成熟了，也不代表我们可以就此真的开始孕育下一代了。

为什么呢？

1. 青春期，我们的身体刚刚开始发育，生殖器官未发育成熟，并不具备完备的孕育条件。如果此时怀孕，那么对我们来讲无疑是巨大的生理压力。

2. 这一时期我们的心理成熟度不完善。我们此阶段正处于接受教育、学习课本知识的时期，没有过多的社会经验，不懂得如何建立家庭和抚育后代，遇事没有完善的处理能力，无法担任孕育后代的重任。

3. 不具备抚养后代的社会条件。处于青春期的孩子绝大部分是未成年人，正在学校上学接受教育。没有独立能力，没有国家和社会承认的婚姻关系，脱离了家庭和父母，自身的生存都成问题，如何养育下一代?

4. 既然处于青春期的孩子不具备孕育的条件，那么如果怀孕，必然要面对的就是流产。而流产又会给女孩带来巨大的心理和生理痛苦，甚至给身体造成不可逆的伤害。

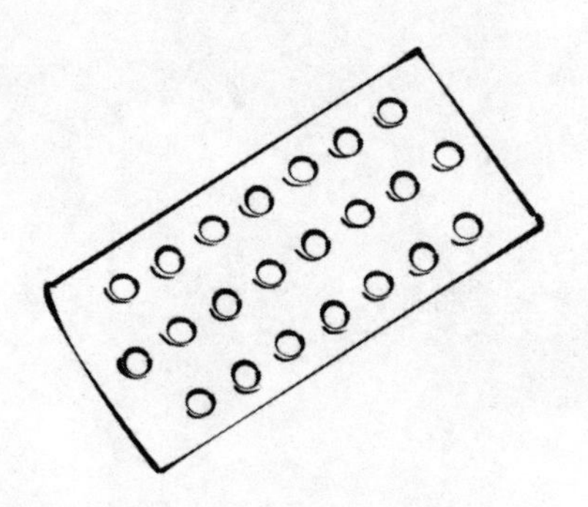

口服避孕药紧急避孕，
并不是安全有效的方式。

因此，女孩必须要了解避孕的知识。

如果发生性行为，最安全简便的避孕方式就是，男性戴好安全套。其他的比如让女生吃紧急避孕药，男生体外射精等，都不是安全有效的避孕方式。另外，发生性行为佩戴安全套还可以预防性病、传染病等。

我们要知道，真正的交往不能只顾着想甜蜜，首先要考虑的是自己的安全和健康。没有人能为我们的安全完全负责，除了我们自己。如果在不避孕的情况下和异性发生性关系，有可能就要面临怀孕和流产的后果。而这个后果只会给我们和家人带来巨大的伤害，这个伤害，是什么甜言蜜语也弥补不了的。

不单独和异性前往“危险场所”

晓楠是一位爱好户外活动的中学生，一次参加夏令营活动的时候，晓楠结识了另外一所学校的一位学长。那位学长也非常喜欢户外活动，懂得许多户外探险知识，而且长相帅气、性格好，很会照顾人。在整个夏令营活动中一直很关心晓楠，晓楠对他也很感激。

夏令营活动结束后，这位男生告诉晓楠，这周末有一个远足活动，是一个著名的户外运动俱乐部举办的，他争取到了几个名额，希望和晓楠一起去参加。

晓楠很兴奋，也很希望去，可父母因为担心她的安全，怎么也不同意她去远足，这可怎么办呢？晓楠只得软磨硬泡，说了许多好话，最终才征得了父母的同意。

远足当日，活动了一整天，每个人都很疲惫，早早钻进了帐篷。就在晓楠熟睡的时候，一个人影进入了晓楠的帐篷，开始对她搂抱。晓楠惊醒了，刚想喊，却被对方捂住了嘴。对方低声说自己是学长，一直很喜欢晓楠，这次晓楠答应出来，就代表接受了他，既然互相如此，那就不要挣扎了。

晓楠虽然对这位学长有好感，但是她并没想过这样，为了避免被伤害，她只得假装同意，点了点头，等学长放开手时，她马上大喊："救命"。就在这时，活动的组织者来到了晓楠的帐篷，将那位学长直接按倒在地上。

事情结束后，晓楠既害怕，又庆幸，心里想着自己再也不要单独出来远足了。

远足、野外徒步旅行等户外探险活动，因为一般都是到人烟稀少的山岭、丛林等地区，所以常常会出现一些危险。

第一个危险就是可能遭遇威胁生命安全的危险。夏天中暑，冬天冻伤，还有可能遇到迷路、自然灾害、食物短缺等情况，这些都是一些潜在的安全隐患。对于那些没有足够多野外活动经验的我们来说，独自远足的危险性要远高于与朋友结伴或是组团出游。

第二个危险就是性安全无法保障。就像上述案例中的晓楠一样，在荒凉的野外，我们无法预测会遇到什么样的人，如果遇到坏人，就有可能遭遇到性骚扰或性侵犯。

一个年轻的女孩参加了一个户外远足活动，活动的领队是位男士。这位领队在某天夜晚钻进了女孩的帐篷，欲图不轨。在遭到女孩的拒绝后，领队又开始威胁女孩，如果不从，那么明天便把她自己留在这个地方，不带她走了。女孩害怕，只能答应。

往后几天，这个领队又多次性侵了这个女孩。虽然女孩没有明确反抗，但那是出于保障自己生命安全的自保的做法，她不敢反抗，害怕被扔在荒郊野外。

在他们返回了城市以后，这个女孩终于鼓足勇气报了警。面对警察的询问，那位领队还狡辩说他根本不是性侵，是女孩自愿的。

这是现实生活中真实发生的案例，虽然女孩后来报了警，警察最后也成功地侦破了案件，但女孩所遭遇的侵害却无法抹消。所以在面对这种情况时，预防的意义要远大于事后追究，我们应该在事前多做些准备。

和异性远足之所以危险，主要是远足所前往的地区多是荒凉的山野丛林，在这些地方遇到危险后，我们一般都得不到及时的救助。像上述案例一样，如果对方向我们施加威胁或是恐吓，我

们便会无从选择。

其实，这样的“危险场所”，并不只有荒山野岭，即使是在城市中，也有一些“危险场所”是不能和异性单独前往的。比如，酒店、KTV、密室等，这些场所虽然没有太高的危险性，却是相对封闭的场所，女孩子与异性单独前往这些地方，如果遭到对方威胁和强迫，就很难呼救和逃脱了。

所以，如果有异性邀请我们去相对封闭或者远离人群的地方，那么我们就要提高警惕了。为了避免有可能到来的危险，我们能够选择的最好方式，就是避免和异性在这些“危险场所”中独处。

男朋友想要和我发生性关系怎么办

这两天，欣欣有点犯愁，因为已经成为她男朋友的那个男生，想趁周末约她出去玩。那是一个城郊的度假村，他暗示欣欣，只有他们两人。欣欣明白他是什么意思，因为他之前总是喜欢趁没人的时候对欣欣搂搂抱抱，而且表示出想要带欣欣去旅馆的意思。

欣欣内心是有些抗拒的，一来，他们之间并不十分了解，认识还不到一个月；二来，对于性关系，她因为从小接受过妈妈的性教育，所以知道他们这个年纪不适合发生性行为，更不能只是因为好奇就去尝试。

经过深思熟虑后，欣欣拒绝了那个男生。没想到对方竟然有些生气，还说欣欣“装”，之后便以分手相威胁。欣欣算是明白了对方的真面目，果断和对方分手，切断了联系。

在青春期的时候，很多的男生女生会迎来身体和心理的大发展、大变化。就女生来讲，身材样貌基本发育完成，已经接近成年女性的样子，心智也逐渐成熟。在性激素的影响下，很多人都会非常渴望引起异性的关注。

在与异性交往的过程中，不可避免地会遇到如何把持亲密举动的问题，甚至有些人会遇到是否要发生性关系这样的问题。

对性关系好奇的青少年，多数是没有接受过完整性教育的，单纯因为身体内的性激素刺激，或者受到一些外部刺激（比如看到一些黄色信息，淫秽刊物等）就想亲自探究“性的秘密”，自然这也是一种正常的心理。但是，这件事却不是一件简单尝试的事情，是需要全面考虑的。

1. 青春期的我们虽然已经开始了身体和心理的发育，但是，并没有到达成熟的阶段，我们还根本分不清“好感”和“爱”有

什么区别。我们甚至会分不清其他人是真正想要跟我们步入婚姻的殿堂，还是想要诱骗我们。

2. 发生性行为的前提是我们必须接受过完整的性教育，知道性行为的注意事项，以及有可能带来的风险（比如性病，怀孕等）。

假如女孩已经开始了规律性来月经，那么就代表她已经有了怀孕的能力，每月会产生一颗卵子。如果这时男生和女生之间发生性关系，很有可能导致男生的精子进入女生的生殖器，如果恰好是女生的排卵期，那就有可能会精卵结合，导致女生怀孕。这对两人来说都是不能承受的严重后果，尤其是对女生。

3. 性行为并不是两个人交往中必须要做的事，也不是表现“爱”的唯一方式。不要被对方的一句“你爱我，就应该用这种方式表现”而说服，爱的前提是相互尊重，而不是要挟。

4. 青少年的性行为是不被祝福的，“偷偷摸摸”的性行为可能会有一时的刺激，一旦发生后果，女生还要自己承担，这会给身体和心理造成巨大压力。

我们需要知道，对于女生来讲，一旦发生性行为就可能要承担更高的风险。所以，假如一个男生提出要和我们发生性行为，请扪心自问，你是否出于好奇想要这样做？是否有爱他就和他发生性关系的念头？是否知道正确的避孕方式？是否知道发生性关系的后果？如果没有办法回答这些问题，那就不要轻易答应对方的请求。

而假如对方以“你不和我发生性关系就是不爱我”或者“不

发生性关系就分手”为说辞，那就请痛快分手吧，这样的男生是幼稚的，还没有成熟的恋爱观和价值观。我们应该庆幸，这样的男朋友不要也罢，每个女生都值得拥有那个呵护你、尊重你的另一半。

第六章

面对生活中的突发事件如何处理

遇到电话诈骗怎么办

小嘉是一名在国外留学的学生，一天她接到一个电话，对方自称是中国上海公安局刑侦大队的，查到了小嘉最近从国外寄到上海的快递里发现了十几张身份证和银行卡，现在怀疑小嘉涉嫌境外洗钱。

小嘉一听，连忙否认，说自己没做过这样的事。但对方说现在证据确凿，他们就是根据快递的联系方式查到了小嘉。现在小嘉属于嫌疑人，必须接受实时监控。然后要求小嘉下载了一个软件，随时开着视频接受监控。

电话诈骗是一种较为常见的诈骗手段，小嘉所接到的“警方电话”便是一种典型的电话诈骗。一般来说，警方不会主动联系普通人，即使是需要问询，也会在警局等正规场所，不会向普通人随意提出要求。

骗子之所以会选择这样的骗术，主要是利用警察办案这种情境让我们产生恐惧心理，一旦我们按照他们的要求做了，他们便会继续提出要求。

为了证明清白，小嘉便照着对方的要求去做了。之后对方又称，收到命令要抓小嘉回国，将小嘉送进监狱，如果想要没事，就必须缴纳30万元保释金。小嘉只得给父母打电话谎称自己欠了别人的钱，让父母赶快给她打钱过来。

对方又威胁小嘉说这是一个保密案件，不能让任何人知道，并让小嘉从自己的宿舍出来，到一个酒店内。对方将小嘉的手机和电脑等都关机，切断了小嘉与外界的联系，还让小嘉绑着手脚对着镜头说“爸爸妈妈救救我”。之后他们联系了小嘉的父母，称自己是绑匪，绑架了小嘉，让小嘉的父母给他们汇款300万元。

骗子正是利用了小嘉的恐惧心理，一点一点引诱她走进设计好的圈套内。如果小嘉知道公安机关的正常办案流程，或是向当地大使馆求证，向自己的父母咨询，骗子的圈套就会被当场揭穿，后面的种种事情也就不会发生。但当小嘉按照对方的要求做了第一件事后，她就已经陷入诈骗的漩涡中，无法抽身了。

小嘉的父母第一时间联系小嘉，却怎么也联系不上，接着绑匪又发来小嘉被绑着手脚求助的视频。小嘉的父母十分焦急，差一点就相信小嘉真的被绑架。但是他们想起来小嘉之前给他们打电话吞吞吐吐的样子，便一边稳住绑匪拖延时间，一边报了警。警察很快查清了真相，并在一个酒店内找到了小嘉。

此时小嘉才知道自己是被骗了，差一点就给家人造成巨大损失。而自己的联系方式都被切断，如果被绑匪伤害，她也没办法报警，家人也找不到她，想到这里小嘉觉得一阵后怕。

在面对电话诈骗时，我们因为缺乏社会经验，所以通常会被骗子的恐吓所吓倒，一时间方寸大乱，失去了冷静思考的能力，这正是大多数未成年人遭遇电话诈骗的主要原因。

为了避免这种情况的发生，我们在日常生活中，一定要树立防诈骗意识，对于各类诈骗手段，都要有一个清晰的认知，并做好甄别和防范工作。

第一，冒充公检法（公安、检察院、法院）人员。

骗子往往会编造谎言说我们卷入了一起经济案件，而且义正词严，让我们信以为真。有的甚至还会制作假的“逮捕令”，然后要求我们必须按照他们的要求去做。很多人就像前面案例中的小嘉一样，在慌乱和畏惧中听信了骗子的话，然后按照对方的要求操作，最终被骗。

遇到这种情况，首先不能慌乱，其次我们需要知道，警察办案不会通过电话做笔录，逮捕证也必须是在逮捕现场出示，没有什么电子逮捕证一说，而且最重要的一点就是，公检法机关不会通过电话让当事人转账汇款。只要我们收到对方提出让我们在网上或者去银行操作转账汇款之类的要求，那他就一定是骗子。

第二，冒充提供优厚待遇的公司。

诈骗或传销组织往往会打着“高佣金”“轻松赚钱”等旗号招摇撞骗，目的就是抓住我们贪便宜的心理，引诱我们落入他们设好的圈套之中。

因此，我们在找兼职或找工作时，不能被诱惑迷住双眼，一定要仔细分辨。比如，要查看对方有没有正规的网站，有没有固定电话和办公地址等。而且，对于那些标榜着简单刷单就能赚钱的兼职，十有八九都是骗人的，完全不值得相信，可以直接屏蔽掉。

第三，利用手机充值圈套诈骗。

假如某天我们的手机收到一条短信息，告诉我们手机欠费，需要充值，并附上了一个充值链接。我们点击链接，输入了充值金额，收到验证码并输入，却显示充值失败。那很有可能我们是遭遇了充值诈骗，而我们绑定的银行卡也可能已经遭到了盗刷。

应对这类诈骗，首先，我们要建立一个认知，那就是手机充值要到正规的运营商网站或者第三方网站，不要轻易点击来历不明的链接。其次，除了冒充充值的短信，还有各种类似“积分兑奖”“银行卡升级”“中奖”等短信，这些都不能轻易相信，更不能随意点击其中包含的链接。

第四，利用视频裸聊诈骗。

这类诈骗往往是先从网上交友开始，等到互相熟悉，甚至是开始谈情说爱的时候，对方便会软磨硬泡地让我们发裸照或者是裸聊。假如我们一时糊涂发给对方，那就有可能造成无穷后患，对方有可能以此为要挟，让我们给他钱，否则便会曝光我们的照片或视频。

所以记住，无论什么情况——面对甜言蜜语还是其他诱惑，都不要将自己的私密照片发给他人。向你索要私密照片的人就是图谋不轨的人，一个懂得尊重他人的人是不会越过基本的道德界线，强迫他人做自己不想做的事情的。

除了上面列举的诈骗手段，还有兜售“考试作弊器”的诈骗，校园贷诈骗，冒充熟人盗取对方账号诈骗等。骗子的套路层出不穷，我们在时时关注当下新闻的同时，也要多留个心眼儿，不贪小便宜，不受利益诱惑，这样就能让我们远离绝大多数电话诈骗了。

电梯内遇到性骚扰怎么办

莉莉是一名六年级的学生，每天放学时，父母都还没下班，所以都是她自己回家。

一天，莉莉照旧放学朝家里走去。走到单元楼下的时候，发现下面堆了好多水泥沙子之类的装修材料，还有一个人正在那里装沙子。她没多留意，就直接走到电梯口，按下了电梯上行键。

就在莉莉走进电梯的时候，忽然后面一闪，进来了一个男人，似乎是刚才在下面装沙子的那个人。莉莉按下了19楼的电梯按钮，还好心询问对方到几楼，对方没回答，直接按了个顶楼按钮。

莉莉还正在纳闷这个人似乎有点不懂礼貌，但是很快她的小牢骚就变成了震惊，因为对方居然直接在电梯里扒下了裤子，露出了生殖器！莉莉一瞬间不知道怎么办才好，反应过来后是巨大的羞耻和愤怒，她喊了一句“神经病”，然后赶紧按下了最近的楼层按钮和紧急报警按钮。

那人此时已经转过身来正对着莉莉，莉莉顿时警惕起来，接下来那人怪笑着扑向莉莉。莉莉立即开始踢打反抗，没想到对方丝毫没有放手的意思，还伸手去撩莉莉的裙子。慌乱中莉莉狠狠踢了对方一下，那人吃痛，松开了莉莉。正好此时，电梯到了19层，莉莉立即跑了出去，一口气跑回家。等她进了门，立即把门反锁，然后便大哭起来。

平复心情后，莉莉打电话给妈妈，把刚才电梯里发生的事和妈妈讲了。妈妈一边安慰莉莉一边紧急赶了回来。等妈妈回来，正好遇见了物业的人员前来查看电梯。原来他们收到了紧急报警呼叫，所以来查看情况。妈妈便和莉莉一起到物业调取了监控，然后报了警。警察很快将那个色狼抓住，并实施了处罚。

电梯，很多人每天都要乘坐，对于这样一个司空见惯的地点，我们似乎缺少了一些防备之心。因为这是我们熟悉的地方，而且就在自己家门口，大多数人都会放松警惕。但其实有时危险就在我们身边，由于电梯是一个封闭空间，很多色狼都会选择在这里下手。

因此，我们在乘坐电梯时也应该有所防备。如果是单独乘坐电梯，或者电梯里只有一个异性，选择靠近电梯按钮的地方站立是比较安全的，这样便可以随时按下电梯里的呼救按钮和楼层按钮。

在做好必要的防范准备后，如果我们真的遭遇了电梯性骚扰，又应该怎么办呢？

1. 一定要严词拒绝、大声呵斥，比如大声说“干什么”“臭流氓”等，我们的态度越坚决，声音越大，就越容易震慑住对方。

2. 将尽量多的楼层电梯按钮按下，制造尽量多的逃跑机会。电梯门开后，要立刻跑出去，避免和对方继续处在一个空间之中。

3. 如果对方抱住我们，使我们无法挣脱，那么我们便要寻找机会攻击对方的脆弱部位，制造出逃跑的机会。

假如与对方面对面可以用手戳眼睛、用膝盖或脚攻击对方；如果双手被控制，可以用力咬对方的面部、耳朵；如果是被人从后面抱住，那可以用脚猛踩对方的脚，趁机挣脱。

4. 如果遇到露阴癖，在电梯内裸露自己的生殖器，一方面快速按下紧急按钮和各个楼层按钮，电梯到达楼层后赶快离开；另一方面则要随时提防对方是否有靠近我们的意图，如果有，那么直接攻击对方的脆弱部位，趁机逃脱。

在遭遇电梯性骚扰时，还有一些事项需要我们注意：

1. 不要沉默。被骚扰时，出于恐惧可能会忘了求救，出于羞耻可能会选择沉默，那样对方就会以为我们是胆怯，会进一步对我们进行骚扰。

2. 不要慌乱。那样不仅自己的头脑会不冷静，而且可能会刺激对方采取进一步更具伤害性的侵害行为。

3. 不要忍气吞声。如果在电梯内遭遇了性侵犯，无论是挣脱了也好，还是已经被对方猥亵了，都一定要告知家长，和家长一起找物业，调取监控，选择报警，让这样的人接受法律应有的惩罚。

独自在家时，遇到有人敲门怎么办

慧慧自己一个人在家正在聚精会神地看着动画片，突然听到有人敲门。

慧慧便问了一声：“谁呀？”

对方回答说：“送快递的。”

慧慧想起妈妈告诉他不能给陌生人开门的叮嘱，便说：“你放在门口吧。”

对方说：“必须本人签收的。”

慧慧只好先拖延一下：“那个，快递上写的是谁的名字呀？”

“张XX。”门外的人准确地说出了慧慧妈妈的名字。

“那电话是多少啊？”慧慧又继续问道。

对方又报出了妈妈的电话。

这下慧慧没办法了，眼看对方有点着急了，一直在催促她开门，说是还要急着给下一家送快递呢，让小姑娘不要耽误他的时间。

慧慧急得有点冒汗，但是她又不敢告诉那个人妈妈不在家，因为妈妈曾经说过，坏人知道小孩子一个人在家可能会撬门直接进来的。

得赶紧想办法让这个人走开才行。慧慧急中生智，忽然想起之前妈妈教给他防止陌生人进门时，录过的几个录音。她赶紧把家里的手机拿出来找到那几个录音。

然后假装冲着卧室喊：“妈，有人敲门。”然后播放了第一个录音，调到最大音量，手机里面传出妈妈的声音“谁呀？”

感觉门外的人愣了一下，然后回答：“送快递的。”

慧慧又播放了第二个录音：“先放外面吧，现在不方便开门。”

对方犹豫了一下说：“哦，那我明天再送来吧。”

然后慧慧就听到了外面嗒嗒离开的脚步声，她也松了一口气。

独自在家，遇到陌生人应该如何应对？我们可以根据不同类别的陌生人，来选择相对合适的处理方法。

第一种，自称是某些行业的工作人员。比如送快递的、送外卖的、检查燃气的、检查线路的。虽然正常时候我们也会遇到有人来送快递、送外卖或者工作人员来检查家里的燃气安全，但我们也不能排除会有人故意伪装成工作人员，骗取我们的信任后，进门来做伤害我们的事情。新闻中不乏这样的报道，独自在家的女生被性侵的事件时有发生。

为了安全起见，我们可以让对方将物品放在门外，或者让对方下次再来。一般情况下，正常的工作人员都会听从这样的建议，因为这些工作人员一般不会在一户人家耽误太多的时间，他们还有其他工作要做。

假如遇到那些十分坚持的人，我们要不予理睬，同时还要提高警惕，将门反锁，拿好手机，随时准备求救或报警。

第二种，自称是爸爸妈妈的朋友或同事。当我们自己一个人在家时，有人敲门自称是妈妈的同事，来帮妈妈顺路到家里取个文件，这时我们该怎么办？

很多人可能都知道，这种情况下不能开门，因为对方是陌生人。但其实有研究者做过一个相关实验，结果表明那些独自在家的孩子虽然不会给工作人员开门，但却会给自称是爸爸妈妈朋友的人开门。

“不要给陌生人开门”，相信这句话已经令我们耳熟能详了。但是为什么到了实际生活中，一些孩子就全然忘记了这句话而屡屡发生给陌生人开门的事件呢？

其中一个原因可能是，抽象的叮嘱和具象的事件之间存在一定的矛盾。父母叮嘱我们“不要给陌生人开门”，但是没说是哪些陌生人，没说陌生人可能会伪装成“熟人”，也没说陌生人会伪装成一些有正当理由的工作人员。因此当我们遇到这些具体的事件时，很容易被对方的理由说服，甚至当对方说“我是你爸爸或妈妈的朋友”时,我们自然而然地将对方排除在陌生人的行列之外了。

所以，平时我们可以和父母做一些实战演练，对可能发生的场景进行演练，这样我们就会对“陌生人”这个概念有更明确的认知。

除了上述情况，我们在日常生活中还可以就“陌生人敲门”事件多采取一些应对措施，这些措施主要体现在以下几个方面。

1. 假如有人敲门，先想想爸爸妈妈出门前有没有告诉过我们有人可能会来。

2. 如果是爸爸妈妈真的拜托人来家中，那请爸爸妈妈一定要提前和自己说明。

3. 可以要求对方给自己的爸爸妈妈打电话，打开免提，让自己听到爸爸妈妈的声音。

第三种，男性邻居或者其他异性来敲门。遇到这种情况，一定不要开门，不要创造和异性独处一室的机会。即便真的是熟人，是认识的人，那也有可能会发生危险，熟人也是性侵罪犯中占比最高的一类人。

除此之外，还有一种容易被我们忽视的情况，那就是，家里即便有大人，陌生人敲门时，最好也不要开，因为这样仍旧有可能遭遇危险。

一天中午，一位妈妈在卧室睡觉，孩子自己在客厅玩。

家里的门铃响了,对方说自己是送外卖的。孩子觉得妈妈在家，直接就开了门。那个人说自己落了一杯饮料在楼下，请小朋友和他一起下去拿。结果孩子就真的跟着那个人一起向楼梯口走去。

幸亏妈妈听到了门响的声音，追了出去，不然那个陌生人就要带着孩子上电梯了。那位妈妈一把抓住孩子的手，而那个人则慌忙从楼梯跑了下去。

所以要记住，如果家里只有我们自己一个人，不要给任何陌生人开门。即使家中有大人，当有陌生人敲门时，也不要自己去开门，而要先告知家里的大人，让大人出面开门。

遭遇小偷怎么办

小雅家住在一个老旧小区的2楼，和许多新建小区拥有整齐的外墙、齐全的安保不同，小雅家的小区没有物业管理，外墙上还有许多外置的管道。

小雅的爸爸妈妈在附近的农贸市场做小买卖，每天早出晚归。小雅也需要每天去上学，所以，一般白天时小雅的家里都是没有人的。

一天下午，小雅学校因为组织其他活动，所以提前放学。当小雅背着书包走到自己家那栋楼时，抬头看了一眼自己家客厅的窗户，结果发现一个人影忽然从窗户那里闪了一下，小雅刚开始还很高兴，以为是爸爸妈妈提前回家了。但是再转念一想觉得不对劲，那人瘦瘦小小的，明显不是爸爸，那会是谁呢？

家里来了客人？抑或是……进了小偷？！想到这里，小雅停下了脚步，她想再次确认一下那人到底是谁，可是窗户再也没出现人影。

小雅第一个念头就是不能上楼，然后就是赶快告诉爸爸妈妈。她扭头向市场跑去。小雅向爸爸妈妈说了家里的事，爸爸第一时间拿起了手机报警，然后又叫了几个市场的朋友，一起回家看看。他们有的守住门口，有的守在了窗户下。小雅爸爸轻轻拿钥匙打开了门，看到家里被翻得乱七八糟，最后在卧室的柜子里找到了小偷。

这时候警察也来了，在询问中才知道，这个小偷经常来这个小区“踩点”，发现小雅他们家白天长期都没有人，就算有人，也只是一个小姑娘，因此就萌生了入室偷窃的念头。人赃并获，证据确凿，因此警察直接把小偷带走了。

事后，小雅的爸爸妈妈和周围邻居都夸小雅真是个胆大心细的孩子。正是因为小雅的妥善处理，不仅避免了家中财物的损失，更避免了自己可能受到的人身伤害。假如小雅没有察觉直接回家，那么很有可能会和小偷正面相遇，甚至遭到小偷的伤害。

在社会上，有些人不务正业，只想着不劳而获，以偷窃别人的财物为生，这样的人通常被称为小偷。小偷行窃的方式主要有在公共场合行窃和入室行窃两种，大多数情况下，小偷会选择在夜深人静时潜入住户家中无人居住的房间进行盗窃，以免自己被抓到。

正是基于对小偷这些习惯的掌握，为了预防小偷入室盗窃，我们应当多提醒家人提高警惕。一方面，我们可以在家中大门上装一个监控设备，避免自己家成为小偷行窃的目标；另一方面，在家中无人或睡觉时，要关好所有门窗，无论是什么季节。

此外，我们还可以在每次进门或者出门时观察一下家门周围的墙上有没有可疑的符号。小偷在作案前可能会“踩点”，就是观察哪家没人，哪家好下手等，他们可能会在观察好的住户门口留下一些记号。所以每天进出可以观察一下自己家门口的周围，如果发现凭空出现的记号或物品要及时擦掉或扔掉。

最后，如果回家发现门从里面被反锁时，不要声张，赶紧找周围人帮忙，给物业或居委会等部门打电话，必要时选择报警。

除了入室盗窃，一些小偷还会铤而走险，在公共场所行窃。面对这种情况，我们也是要提高警惕，做好防范。

1. 在一些公共场所时要注意小偷行窃。比如，商场试衣间、试鞋处，拥挤的公交车或地铁上，车站候车厅，医院，火车上等。这些地方或是我们的注意力容易分散，或是人流量大、环境嘈杂，是小偷容易实施偷窃的场所。小偷往往会趁人不注意将我们包中、口袋中的财物偷走，等我们发现时，小偷或许早已溜走或者混入人群中，难以寻觅。

2. 逛商场、去医院时，要包不离身；上下车不戴耳机；手机、现金等不装在衣服兜里，统一放包里，再把背包放在胸前用手护住。当我们时刻有保护自己财物的意识时，小偷也就没有下手的时机了。

3. 出门在外，财不外露。不要把贵重首饰、现金当众展示，也不要过分炫耀自己的财富，避免被小偷盯上。

如果遇到小偷正在偷自己的财物，我们应该怎么办呢?

不要害怕，直接面对，大声呵斥。小偷在公共场所作案，最怕被人发现,如果被发现他们只想尽快脱身逃走。因此,不要害怕，发现小偷，直接高喊“抓小偷”。

如果遇到小偷正在偷其他人的财物，我们又该怎么办呢?

对于成年人来说，如果遇到小偷可以直接将其制服，或者可以利用巧合提醒一下，比如在公交车上遇到有小偷正在偷他人的财物，可以假装没站稳碰一下那个小偷，一般这种时候小偷都会因为被撞破而放弃。

但是对于我们青少年来讲，这样的做法却不太恰当，因为无论是外形还是实际力量，我们都是敌不过小偷的。因此，遇到有小偷正在偷盗他人财物，不要强行出头，因为这可能会给自己带来安全隐患。毕竟我们要帮助别人的前提是要首先保证自己的安全。

如果可能的话，我们可以悄悄用手机拍下偷盗过程的照片，或者小偷的样貌特征。有了证据便可以直接报警。记住拍摄照片一定要关掉相机声音和闪光灯，避免自己被发觉。

当然这样的做法也不是必需的，如果没有把握，我们还可以借助他人的力量，比如提醒身边的大人，让他们制止小偷的行为。这样既能保护我们自身的安全，也能及时制止小偷的盗窃行为。

收到色情短信怎么办

这天，丽丽的手机收到一条短信。她停下游戏，打开了短信。发件人的号码丽丽不认识，她以为是发错了，但打开短信的内容却让她十分震惊。短信中竟是描绘裸体、男女发生性关系的黄色小说片段！

直觉告诉她，这是一条黄色短信，是某个黄色小说中的一段内容，丽丽感觉又羞又恼怒。等平静下来，丽丽居然开始有点忍不住接着往下看了短信的内容。看到最后，居然还有链接，大概意思是想知道后续，就点击这个链接。

丽丽没敢点，她内心知道这样做是不妥的。但是她也并没有立即删除那条短信。

又过了几天，丽丽私下听到朋友们居然在谈论手机收到黄色短信的事，原来这是他们班其中一个同学通过群发功能发出的信息。还说他这是做好事，让大家都能看到一些刺激的信息。丽丽觉得既然大家都看了，那自己看看也没什么吧。回到家后，丽丽拿起手机，又找出了那条短信，并点开了链接……

同学之间传阅的黄色刊物，色情图片，色情短信等，这些都是可能出现在我们生活中的黄色信息。黄色信息之所以会传播，利用的是人们的猎奇心理，比如利用一些博人眼球的图片或者语言，吸引人点击进去。

未成年人对色情信息感兴趣，是正常的心理反应，但沉迷于色情信息，很可能会对自己的身心和财产造成巨大伤害。色情短信正是利用了未成年人青春期的性冲动，一步一步诱骗未成年人陷入早已设好的圈套之中。

就在丽丽看得投入的时候，弹出了一个广告，是美女裸聊，丽丽关掉了。过一会又弹出个广告，是激情视频，就在丽丽犹豫要不要打开的时候，妈妈进屋来叫她吃饭，她吓了一跳，直接反应就是把手机藏了起来。

妈妈见她神色慌张，便问她怎么了，刚才发生了什么事。丽丽支支吾吾不肯说，妈妈便让丽丽把手机拿出来。等妈妈看到丽丽手机上的内容后，脸色十分难看。丽丽本以为会迎来一顿狂风暴雨般的批评，但没有，妈妈把手机关上，然后坐到床边和丽丽聊了起来。

妈妈说她理解丽丽的心理，知道丽丽看这些是因为好奇。妈妈也想过要和丽丽谈谈关于“性”的话题，但是一直不知道如何开口。但是这样的信息是属于黄色信息，淫秽物品，看这样的内容对丽丽不但起不到正确的引导作用，而且很有可能会带来错误的观念和负面的影响。

最后，妈妈很真诚地告诉丽丽，如果有关于“性”方面的疑惑，可以随时问妈妈，而且要坚决拒绝这种黄色信息。丽丽听后用力点了点头。

在自然界，延续种族是头等大事，为了能够使种族不断扩大，就会演化出不同的互相吸引的方式。那大脑是如何让人类对延续种族产生兴趣的呢？大脑进化出了奖励机制，即看到和性行为相关的刺激性信息，便会产生愉悦感，从而使人喜欢上这种感觉，并不断地寻求这种刺激。

这本是人类进化出的一种本能，目的是延续后代。但是，这一特点却被有些别有用心的人抓住并滥用。他们通过散播色情图片、色情广告、色情短信等方式，来达到其不可告人的目的。正处于青春期的我们，在看到这些与性有关的信息时，就会被刺激，在大脑中产生愉悦感，从而被吸引着一直看下去。

有研究表明，人类观看色情信息时大脑产生的愉悦感与吸毒后的感觉相似，而且也会像吸毒一样上瘾。我们的身体和心理发育都还不成熟，如果受到黄色信息的影响，可能会形成错误的性观念，也可能模仿其中的行为，更严重的是有可能控制不住自己的行为。偷偷地看，甚至偷偷地学，晚上熬夜看，白天没精神，并且头脑中只有看色情信息这一个念头，这会对生活和学习产生严重影响。

即便是成人，也有因此上瘾的情况，更别说自控力较弱的未成年人，我们更难以抵御色情信息的腐蚀。为此，我们需要时刻对生活中出现的色情信息保持警惕，不要让这些信息腐蚀我们的身心。

那么，在日常生活中收到或者看到黄色信息时，我们应该怎么办呢？

首先，不要扩散。

案例中丽丽的同学就是一个色情信息的扩散者，他将自己发现的黄色短信群发出去，导致更多人看到这些不良信息，这就造成了恶劣的影响，同时也违反了我国相关法律的规定，是要受到法律制裁的。所以，当我们收到这样的短信后，首先要做的就是不能将其扩散出去。

其次，报告、屏蔽、报警。

如果手机上收到了色情短信，我们需要先告知家长，然后和家长一起视情况进行处理。

如果是认识的人发送的，那么由父母向对方提出严肃警告，警告对方这是性骚扰，而且传播淫秽信息是违法行为。如果是陌生人发送的信息，那么在手机上举报该信息是垃圾信息，并屏蔽这个号码。如果频繁收到黄色信息，那么便可以直接报警，让隐藏在手机背后传播淫秽信息的人受到应有的惩罚。

要记住，要想真正抵御住色情信息的侵蚀，就要从拒绝第一次接触开始，一旦我们陷入色情信息的“泥潭”之中，再想出来就要费一番功夫了。

危急时刻，懂得正确求助和自救

危险的出现是我们无法预料的，坏人也是无法一眼就识别出来的。很多时候我们不知不觉便会被坏人盯上，陷入危险之中。对于女孩子来讲，因为生理上的劣势，遭遇危险的可能性要更高一些。

世上的意外有千万种，危险的情景也各不相同，我们不可能将每一种意外都列举出来，所以，我们只能总结一些通用的遇险自救方法，掌握了这些方法，便能帮助我们规避掉绝大多数危险。

首先，能跑就跑。

这是逃离危险情境最好的办法，和想要伤害你的人多待一会儿，危险就多增加一分。所以遭遇危险时，第一个念头就是跑，但是跑也不是盲目的，我们要先判断好周围环境，再寻找逃跑的时机。

1. 巧妙透露信息，让对方主动打消念头。

一个女生和朋友约好了出去玩，但是因为出门晚了，女生就匆忙打了个私家车赴约。上车后发现车上有一个司机和两个乘客，都是男士。路途中司机和那两个乘客问女生去哪里玩，他们知道好些好玩的地方。女生警惕起来，但是外表装作很淡定，很随意地说道："今天可能不行，我们学校检查安保，我要去配合调查。"又说："当警察的子女真是麻烦，周末还不能好好休息还得去配合我爸的工作。"

那几个人一听，就说那这样就算了。这个女生也在下个路口赶紧找了个借口下车离开了。

有意编织和透露出自己家人是警察的信息，对想要做坏事的人造成一种震慑，这是一种遇到危险应变的方法。

2. 找准时机，跑向人多的地方。

一个女生晚上回家打了个路边的小三轮，三轮车行驶到偏僻地方时司机忽然停车，在寻找着什么，女生问话他也不回答。意识到有危险，女生迅速观察了一下周围的环境，发现不远处有一群妇女路过，就赶紧扔了车费，下车跑到了那群妇女的身边求助。

三轮车司机看到女生跑到了人群中，便发动车子，离开了现场。

这也是观察了周围环境后，迅速做出的反应。当意识到有危险时，我们便要立刻观察周边环境，找到那些相对安全的地区，并迅速跑向那里。

其次，跑不掉先口头对抗。

如果是在晚上无人的路段、在私家车上、在封闭的空间被人抱住，我们可以先大声斥责“滚开”“离我远点”。这有可能会引起对方短时间的吃惊，给自己争取时间想办法。而后我们便可以迅速判断周围环境，寻找有能躲避的地方或者能求助的人。

但如果我们的大喊大叫引来对方的强硬控制，那为了自身安全，我们便可以暂时压低音量，拖延时间，不要让对方伤害到我们。

再次，口头对抗无效，就要进行肢体对抗。

肢体对抗不是一味地乱抓乱踢，而是要在确保自己人身安全的前提下，尽可能地去打击对方。我们要集中自己最大的力量攻击对方最脆弱的地方，而且一定要确保一击命中，否则等对方反应过来，可能会更加愤怒，对我们造成更大的伤害。

据统计，戳眼睛，是实际反抗中最有用的自卫方法。还有抓土抛向对方面部，踢对方的裆部等。这些反抗动作只要一击命中，就会给对方带来严重痛苦。当然我们也可以戳眼睛后再踢对方裆部，让对方没有继续追击、伤害我们的能力。

在采取肢体对抗时，一定要把握好时机，判断好成功的概率，如果成功概率过低，便不要尝试肢体对抗，因为这样可能会让对方更为恼怒，进而做出威胁我们生命的举动来。

最后，肢体对抗无效，可以选择口头交流。

1. 如果我们的攻击失败，对方开始辱骂、殴打我们，不要害怕，不要放弃，不要觉得自己“完了”，找机会尝试和对方展开对话，比如，和对方说“我们只是陌生人，我们没有任何关系”（降低对方的愤怒和报复情绪）“你可能遇到了不顺心的事或者遭受过其他人的羞辱，我理解你的愤怒，但是这与我无关，你也不应该用这种方式来伤害我，这对你自己没有任何好处。”

2. 如果对方这时攻击减弱，可以尝试继续与他对话，分散他的注意力，并找机会攻击他的要害，然后趁机逃跑。

一位女生在自己的家门口被一个人胁迫，那人命令她开门然后将两人关进屋子里。这位女生先和对方说“请你别伤害我，想要钱我给你拿钱，家里想拿什么拿什么，我是不会报警的。”但是对方却扑过来把她压在了沙发上。

女生开始大喊救命，同时加大挣扎力度，磕到了对方的重要部位。待对方手松开的时刻，她赶紧跳离开沙发，然后一边寻找能够对抗的、当作武器的东西，一边再重复说让对方走，自己是不会报警的。那人犹豫了片刻向着门口走去，突然又转头看向了女生，女生连忙再次保证自己不会报警，让他走。最后，那人开门走了出去，女孩没有受到进一步的伤害。

案例中女孩就是运用了肢体对抗和口头交流的方式，换回对方一瞬间的清醒，放弃了对自己的继续侵害。这种方式虽然不能说完全有效，但却可以最大限度地降低自己遭受生命危险的可能，是遇险时可以尝试的方法。

3. 如果对方不听我们的任何话语，仍旧攻击，那就只能拿出最后的力量与之对抗，当然前提是对方没有致命的武器。不要放弃一切抵抗，因为顺从并不能激起对方的任何同情，甚至还有可能错失宝贵的逃跑机会。

4. 如果被绑架到偏僻无人的地方或被囚禁，我们也同样要寻找时机，展开自救。

一位姓陈的女士因为没有戒心而坐上一辆私家车，最终被司机和两个同伙带到了一处偏僻山村，困在一处废弃的房子里。她的哀求和反抗都没有起作用，她被强暴了，并被他们囚禁在那里。

遭到侵害的陈女士没有放弃，也没有绝望，她发现这三个人中有一个姓徐的人还比较好说话，于是趁其他人不在的时候哀求徐某，求他放过自己。徐某将陈女神带出了屋外，此时，外面正好有路人经过，陈女士抓住机会向路人使眼色，路人靠近询问，陈女士趁机低声告诉路人自己被绑架了，请对方报警。

其实，这三个人早已准备要杀害陈女士，但因为陈女士一直哀求徐某，徐某动了恻隐之心，在支开了另外两个人以后就带着陈女士逃了出去。最终那位路人报了警，警察成功地解救了被绑架受侵害的陈女士。

在实际生活中遇到的情况是复杂多样的，那些坏人的心理也是千变万化的，我们最好的防御方式其实是，知道哪些是危险场所，并主动远离这些地方。如果遭遇到无法预料的意外时，则要时刻观察周围的环境和对方的情绪变化，抓住一切机会想尽办法逃脱，不要束手就擒，不要放弃抵抗，更不要轻易以命相搏，这样我们就能为自己赢得一线希望。